机械制图与 CAD 绘图
〈基础篇〉

贺巧云　主编　周晓丽　副主编　朱慧敏　主审

U0233884

化学工业出版社
·北京·

本书按照最新国家标准，采用项目任务的形式进行编写。书中将机械制图理论知识和 AutoCAD 绘图知识融入每个任务当中，通过完成任务，掌握机械制图技能，通过本书的学习以达到能熟练操作计算机进行绘图和尺规绘图的双重目的。

本书为基础篇，主要有 5 个项目，内容包括：掌握制图基本知识和基本技能；绘制三视图；绘制轴测图；绘制截交线和相贯线；绘制组合体视图。

本书可作为技工学校、职业院校和培训机构的教材，并可作为广大机械制图、AutoCAD 学习人员的入门读物。

图书在版编目（CIP）数据

机械制图与 CAD 绘图（基础篇）/ 贺巧云主编. —北京：化学工业出版社，2014.1（2023.4 重印）
ISBN 978-7-122-19366-7

Ⅰ. ①机…　Ⅱ. ①贺…　Ⅲ. ①机械制图-计算机制图-AutoCAD 软件　Ⅳ. ①TH126

中国版本图书馆 CIP 数据核字（2013）第 311171 号

责任编辑：韩庆利　　　　　　　　　　　装帧设计：张　辉
责任校对：王素芹

出版发行：化学工业出版社（北京市东城区青年湖南街 13 号　邮政编码 100011）
印　　装：天津盛通数码科技有限公司
787mm×1092mm　1/16　印张 10¾　字数 265 千字　2023 年 4 月北京第 1 版第 8 次印刷

购书咨询：010-64518888　　　　　　　　售后服务：010-64518899
网　　址：http://www.cip.com.cn
凡购买本书，如有缺损质量问题，本社销售中心负责调换。

定　　价：36.00 元　　　　　　　　　　　　　　　　　　版权所有　违者必究

前　言

为了帮助读者掌握正确的机械工程图绘制方法，提高机械制图能力，组织了部分学术水平高、教学经验丰富、实践能力强的教师与行业、企业一线专家，在充分调研的基础上，编写了本书。

本书特点主要体现在以下几个方面：

第一，项目和任务内容按由易到难、由小到大的原则进行编排，既保证了各项目之间技能和知识的有效衔接，又便于学习和操作。

第二，根据机械制造加工类企业的生产实际，设计和确定典型的工作项目和任务。按照"学以致用、理实一体"的原则，将相关理论知识和相关技能恰当安排在各个工作项目任务中，力求通过项目任务学习，掌握相关的理论知识和操作技能，以满足实际需要。

第三，将机械制图的尺规绘图与 AutoCAD 绘图融合在一起，便于读者掌握机械制图知识，同时学会运用 AutoCAD 绘图。

第四，以国家职业标准为依据，使教材内容涵盖国家职业标准的相关要求。

第五，采用最新国家标准。

本书为基础篇，主要有 5 个项目，内容包括：掌握制图基本知识和基本技能；绘制三视图；绘制轴测图；绘制截交线和相贯线；绘制组合体视图。对于掌握机械图样的表示法，绘制标准件与常用件视图，绘制零件图，绘制装配图 4 个项目，将在应用篇介绍。

本书可作为技工学校、职业院校和培训机构的教材，并可作为广大机械制图、AutoCAD 学习人员的入门读物。

本书由贺巧云主编，周晓丽副主编，冯振忠、丁峰等参编，朱慧敏主审。

在本书的编写过程中，得到了相关领导、相关教师和相关企业的大力支持，在此表示衷心的感谢！同时，恳切希望广大读者对本书提出宝贵意见。

编者

目 录

绪论

一、图样的内容和作用

1．什么是图样

图样是表达物体形状、尺寸的图形样本。

在机械制造行业，图样是工业生产重要的技术文件，是进行技术交流的重要工具，因此被称为工程界的技术语言。图 0-1（a）为千斤顶立体图。

2．机械图样的分类

机械图样大致可以分为零件图和装配图两大类。

零件图：是表达零件的结构、形状、大小及有关技术要求的图样，是加工、检验零件的依据，图 0-1（b）为千斤顶零件图。

装配图：是表示组成机器各零件之间的连接方式和装配关系的图样，图 0-1（c）为千斤顶装配图。

3．图样的作用

作为零件加工的依据：

（1）表达机器零部件之间的装配关系和装配要求。

（2）作为技术语言在工程界流通。

二、投影的方法和分类

一个物体在光线的照射下，会在地面或墙上产生影子，根据这种自然现象，人们创造了投影的方法。投影线均从投射中心出发，物体离光源越近投影越大，越远投影越小，不能得出物体的真实大小。

1．中心投影法

投射线汇交一点的投影法[图 0-2(a)]，空间三角形 ABC 的投影 abc 的大小随投射中心 S 距离 ABC 的远近或者 ABC 距离投影面 P 的远近而变化，所以它不适用于绘制机械图样。

特点：直观性好、立体感强、可度量性差，常适用于绘制建筑物的透视图。

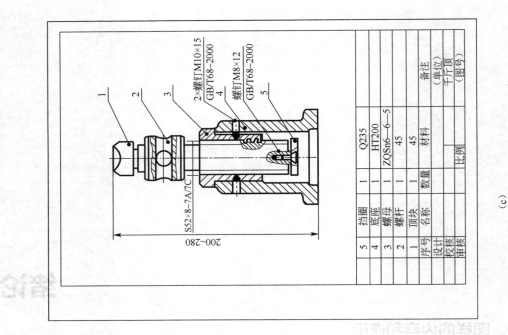

(c)

5	挡圈	1	Q235	
4	底座	1	HT200	
3	螺母	1	ZQSn6—6—5	
2	螺杆	1	45	
1	顶块	1	45	
序号	名称	数量	材料	备注
设计			比例	千斤顶（单位）
校核				（图号）
审核				

2×螺钉 M10×15 GB/T68—2000

螺钉 M8×12 GB/T68—2000

S52×8—7A/7C

200~280

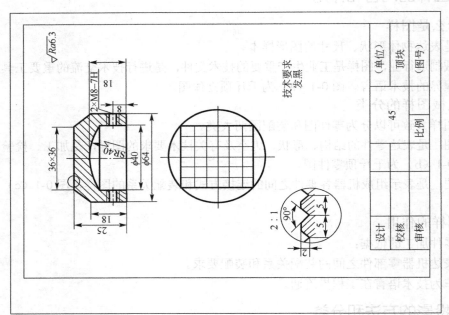

(b) 千斤顶

技术要求
发黑

√Ra6.3

2×M8—7H

设计			比例	顶块（单位）
校核				（图号）
审核				45

图 0-1

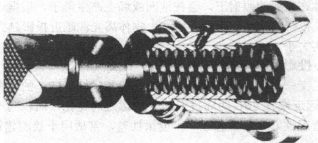

(a)

2．平行投影法

如果投射中心在无穷远处，那就认为所有的投影线都互相平行，在这组平行光线的照射下的投影称为平行投影法。

特点：反映物体的真实大小。

分类：

（1）斜投影法——投影线与投影面倾斜,如图0-2（b）所示。

（2）正投影法——投影线与投影面垂直，如图0-2（c）所示。

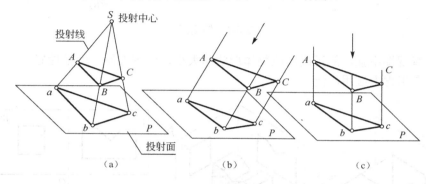

图0-2　投影法

三、工程上常见的投影图

工程图就是依据投影的原理来绘制图形的，在工程中常用的工程图有三种：透视图、轴测图和多面正投影图。

1．透视图

用中心投影法将物体投射到单一投影面上得到的图形，如图0-3所示。

特点：形象逼真、有立体感、 作图麻烦、度量性差。

作用：绘制机械或工程效果图。

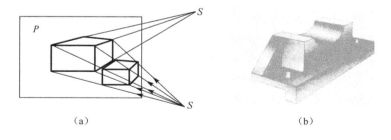

图0-3　透视图

2．轴测图

用平行投影法将物体投射到单一投影面上所得到的图形，如图0-4所示。

特点：不符合视觉习惯、直观性很 、便于测量、绘制方便。

应用：机械图样中应用广泛。

3．多面正投影图

由正投影法所得的图形，如图0-5所示。

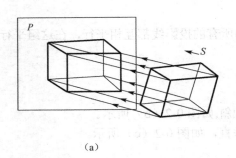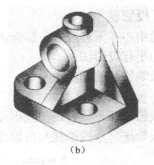

图 0-4 轴测图

特点：直观性不强，能正确反应物体形状和大小，作图方便，度量性好。

应用：在工程上应用广泛。

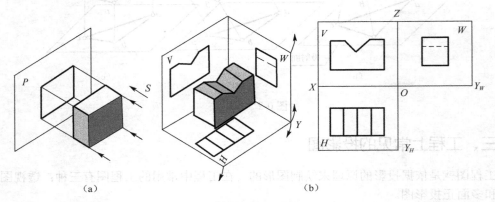

图 0-5 正投影图

项目一
制图的基本知识与基本技能

机械图样是设计和制造机械的重要技术文件，是交流技术思想的一种工具语言。它的绘制必须严格遵守机械制图最新国家标准中的有关规定，正确使用绘图工具和仪器，掌握正确的绘图步骤。

国家标准对图样中包含的图线、字体、比例、尺寸注法、图幅、标题栏等内容作出了统一的规定。国家标准的注写形式由编号和名称两部分组成，如：GB/T14689—2008，其中"GB"是"国标"二字简称，"T"为"推"字汉语拼音字头。14689为标准顺序代号，2008为标准发布的年号。

任务一　绘制 U 形块的平面图形

【任务目标】

如图 1-1（a）所示为 U 形块的立体图，绘制 U 形块的平面图 1-1（b），需要知道各种图线的规定和要求，掌握各种绘图工具的使用方法，掌握科学的绘图方法及步骤。

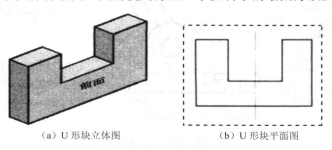

（a）U 形块立体图　　　　　　　　（b）U 形块平面图

图 1-1　U 形块

【知识链接】

一、图线

1. 线型及应用

机械图样中常用线型的名称、型式、代号及应用见表 1-1。

表 1-1　机械图样中常用线型的名称、型式、代号及应用

线型名称	图线型式	线宽	主要用途
粗实线	——————————————	宽 d 为 0.5～2mm	可见轮廓线
细实线	——————————————	d/2	尺寸线、尺寸界线、剖面线、引出线等
虚线	- - - - - - - - - - -	d/2	不可见轮廓线
细点画线	— · — · — · — · —	d/2	轴线、对称中心线
粗点画线	— · — · — · —	d	限定范围表示线
双点画线	— ·· — ·· — ·· —	d/2	界限位置轮廓线、假想投影轮廓线、中断线
双折线	———／∨————	d/2	断裂处的边界线
波浪线	∿∿∿∿∿∿	d/2	断裂处的边界线、视图与局部视图的分界线

2. 图线画法规定

（1）同一图线中同类图线的宽度应保持一致。

（2）线型不同的图线相互重叠时，一般按照粗实线、细虚线、细点画线的顺序，只画出排序在前的图线。

（3）细（粗）点画线和细双点画线的起止两端一般为线段而不是点。细点画线超出轮廓线 2～5mm。

（4）当图形较小时，可用细实线代替细点画线。

（5）细实线在粗实线的延长线的方向上画出时，两图线的分界处有间隙。

（6）细点画线、细实线和其他图线相交或自身相交时，应是线段相交。

（7）图线应用示例见图 1-2。

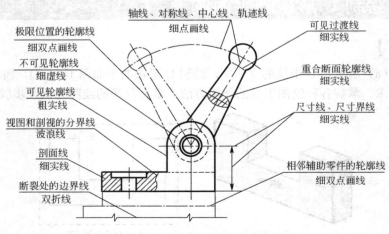

图 1-2　图线的应用示例

二、绘图工具及使用

常用的工具有铅笔（2H、HB、2B 三种）、橡皮、三角板、图板、丁字尺、圆规、分规、擦图片等。

1．铅笔

铅笔削法及用途见图1-3，2B 铅笔常用于粗实线的绘制，HB 铅笔常用于写字、2H 铅笔用于细虚线、细点画线等绘制。

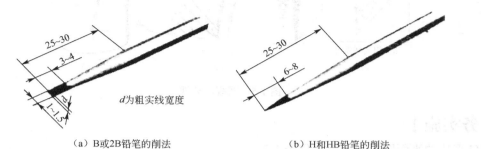

（a）B或2B铅笔的削法　　　　　　　　　（b）H和HB铅笔的削法

图 1-3　铅笔削法

2．图板、丁字尺

图板是用来固定图纸的，所以要求板面和侧边平整，见图 1-4（a）。丁字尺由相互垂直的尺身固定在一起，呈"丁"字形，常被用于画水平线和配合三角板画不同角度的图线，见图 1-4（b）。

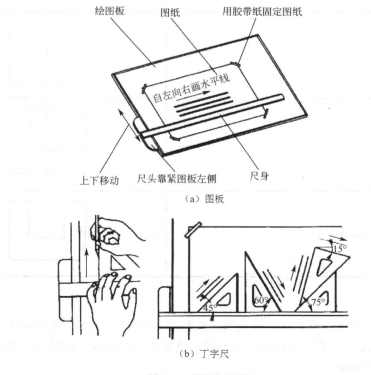

（a）图板

（b）丁字尺

图 1-4　图板与丁字尺

3．圆规、分规

圆规用于画不同直径的圆或圆弧，分规用于等分，使用见图1-5。

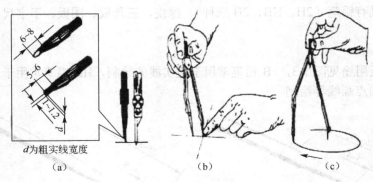

*d*为粗实线宽度

（a）　　　　　　　（b）　　　　　　　（c）

图1-5　圆规、分规

【任务实施】

U形块的平面图形绘图步骤见表1-2。

表1-2　U形块的平面图形绘图步骤

步　骤	图　示
1．画中心线确定作图的基准位置	
2．绘制可见外轮廓线	
3．绘制切槽部分	
4．检查、擦除作图线，加深图线	

【实践能力】

1．画粗实线，线宽约0.5mm。细实线，线宽约0.25mm。虚线，宽约为0.25mm，每一段长度约为2～6mm，间隙约为1mm。点画线，线宽约0.25mm，每段长6～30mm，间隙及作为点的短画共约3mm。

2．抄画图形。

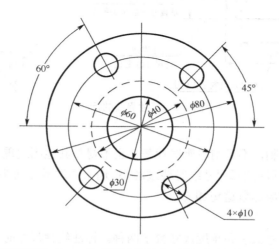

任务二　标注 U 形块的平面图形尺寸

【任务目标】

图形只能表达物体的形状，而尺寸才能表达物体的大小。国家标准对图样中的字体、尺寸标注都作了统一的规定。尺寸标注的过程中要做到八个字："正确、齐全、清晰、合理"。 如图 1-6 所示为平面图形的尺寸标注。

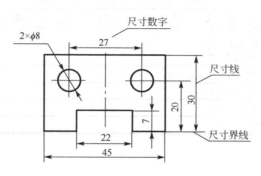

图 1-6　平面图形的尺寸标注

9

【知识链接】

一、尺寸标注

标注尺寸是由尺寸界线、尺寸线、尺寸数字三个要素组成。

1．尺寸界线

尺寸界线用细实线绘制，与尺寸线垂直并超出 2～3mm，它可以用轮廓线、对称中心线、轴线等引出或代替。尺寸界线的标注见图 1-7。

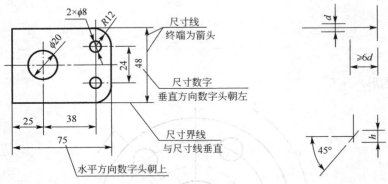

图 1-7　尺寸界线的标注

2．尺寸线

尺寸线用细实线绘制，不可用轮廓线代替，也不得与其他图线重合。标注线性尺寸时尺寸线与所注线段平行，标注圆弧尺寸线时要过圆心，通常两端需画箭头。箭头的画法图表 1-7。尺寸线与尺寸界线之间应尽量避免相交。

3．尺寸数字

尺寸数字有线性尺寸数字和角度尺寸数字两种。标注线性尺寸时数字写在上方或左方，字头朝上或朝左，中断处也可标注。尺寸数字的标注见图 1-7。

二、字体

1．字体示例（见表 1-3）

表 1-3　字体示例

字　体		示　例			
长仿宋体汉字	5 号	技术制图　机械电子　汽车船舶　土木建筑			
	3.5 号	螺纹齿轮　航空工业　施工排水　供暖通风矿山港口			
拉丁字母	大写	ABCDEFGHIJKLMN			
	小写	abcdefghijklmn			
阿拉伯数字	斜体	0123456789			
字体应用示例		10^3　S^{-1}　O_1　T_d			

2．基本规定

（1）在图样和技术文件中书写的汉字、数字和字母，必须字体工整、笔画清楚、间隔均匀、排列整齐。

（2）字体高度（用 h 表示）代表字体的号数。字体高度系列为：1.8、2.5、3.5、5、7、10、14、20。如需书写更大的字，字体高度按 $\sqrt{2}$ 的比率递增。

（3）汉字用长仿宋体字，汉字的高度 h 应不小于 3.5mm，其字宽一般为 $h/\sqrt{2}$。

（4）字母和数字可写成斜体和直体。斜体字字头向右倾斜，与水平基准线成 75°。

三、常见尺寸注法

国家标准详细规定了常见尺寸标注的形式，见表 1-4。

表 1-4　常见尺寸标注的形式

标 注 内 容	示　　例	说　　明
线性尺寸	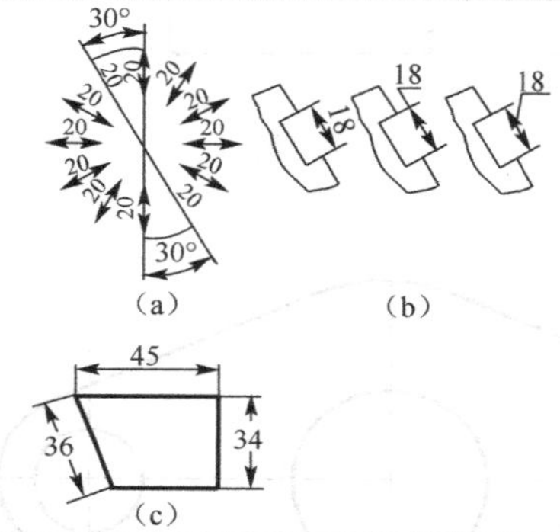	图示（a）线性尺寸的数字按图示方向书写，避免在图示 30° 内标注尺寸。若无法避免可按图（b）标注。若非要水平书写尺寸数字可按图（c）标注
角度尺寸	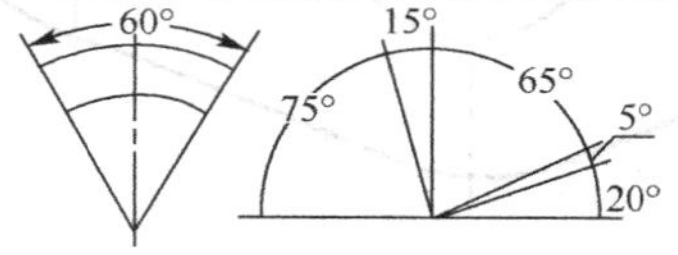	尺寸界线沿径向引出，尺寸线画成圆弧，数字水平书写，标于中断处，必要时也可按右图标注
圆	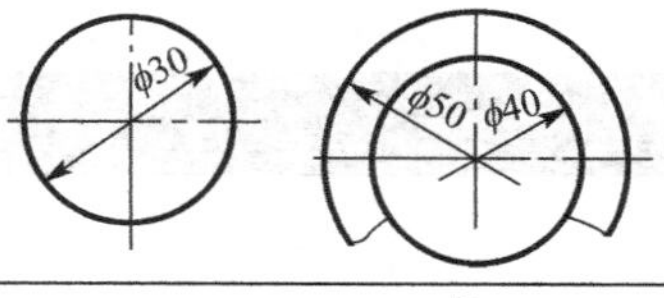	标注直径时数字前加 ϕ
圆弧	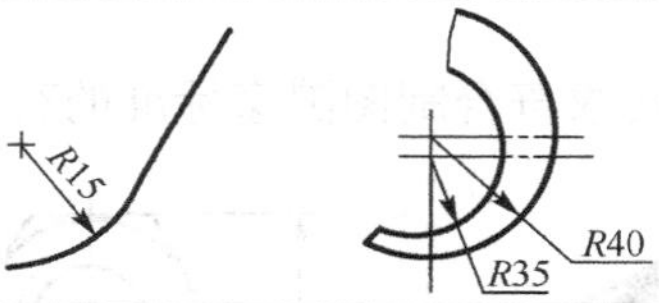	标注半径时数字前加 R
大圆弧	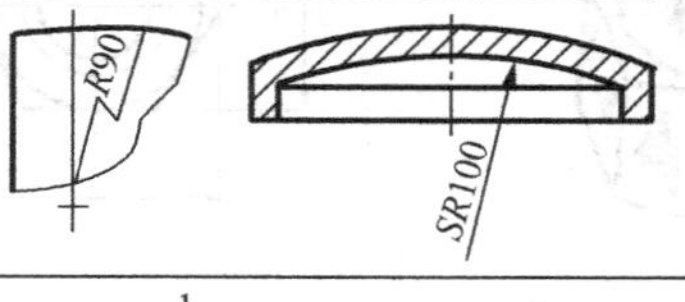	在图纸范围内无法标注出圆心时，可按图示标注
小尺寸	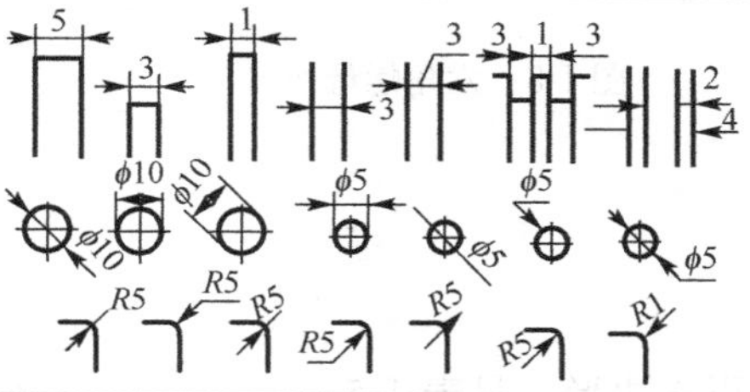	图示没有足够的空间标注，箭头可画在外面，或用小圆点代替，数字可引出标注。圆和圆弧按图示标注

11

【实践能力】

1. 找出错误并改正。

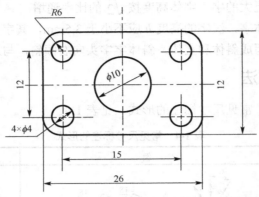

2. 请完成下图的尺寸标注。

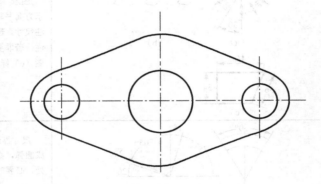

任务三 绘制正多边形

【任务目标】

绘制如图 1-8 所示的平面图形，要求符合制图国家标准的有关规定。

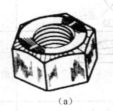

（a）

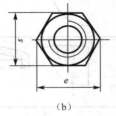

（b）

图 1-8 六角螺母

【知识链接】

一、绘制正六边形

用圆规、三角板作圆的内接正六边形，见表 1-5。

表1-5　用圆规、三角板作圆的内接正六边形

步骤方法	1. 绘制直径为D的辅助圆	2. 分别以1、4点为圆心，D/2为半径作弧交于2、3、4、5点	3. 顺序连接各分点即成
图例			

二、绘制正五边形

用圆规、三角板作圆的内接正五边形，见表1-6。

表1-6　用圆规、三角板作圆的内接正五边形

步骤方法	1. 绘制直径为D的辅助圆	2. 作OF等分点G，以AG为半径画弧交水平直径线于H	3. 以AH为半径，分圆周为五等份	4. 顺序连接各分点即成
图例				

三、绘制正七边形

用圆规、三角板作圆的内接正七边形，绘图步骤见表1-7。

表1-7　用圆规、三角板作圆的内接正七边形

步骤与方法	1. 画出直径为D的圆及其中心线，并将直径CH分成7份，以C、H为半径画圆弧交水平中心线于M_1、M_2	2. 分别将CH的7等分点的奇数或偶数点与M_1、M_2连接。交圆于A、B、C、D、E、F即得7个顶点	3. 连接7个顶点，加深图线，完成七边形绘制
图例			

【任务实施】

图1-13所示六角螺母平面图的绘制步骤见表1-8。

表1-8　图1-13所示六角螺母平面图的绘制步骤

步骤方法	1. 绘制直径为D的辅助圆	2. 以1、4点为圆心，D/2为半径画圆弧交圆于2、6、3、5点	3. 顺次连接圆周各点成六边形	4. 作正六边形内切圆、3/4细实线圆和小粗实线圆
图例				

【实践能力】

1. 在指定位置作正多边形。

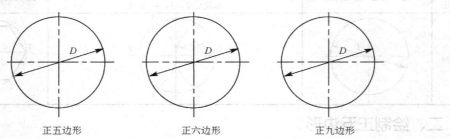

正五边形　　　　　　　　　正六边形　　　　　　　　　正九边形

任务四 绘制圆弧手柄连接图

【任务目标】

绘制如图1-9所示手柄的平面图形，要求符合制图国家标准的有关规定。

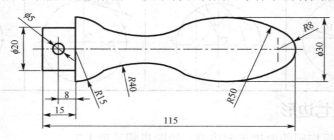

图1-9　手柄

【知识链接】

一、直线与圆弧连接

1. 用圆弧连接两直线的作图方法及步骤（见表1-9）

表1-9　用圆弧连接两直线的作图方法及步骤

连 接 要 求	求连接弧的圆心 O 和切点 K_1、K_2	画连接弧
两直线倾斜		
两直线垂直		

14

2．用圆弧连接直线与圆弧（见表1-10）

表1-10　用圆弧连接直线与圆弧

连 接 要 求	求连接圆弧的圆心 O 和切点 K_1、K_2	画连接圆弧
连接一直线和一圆弧 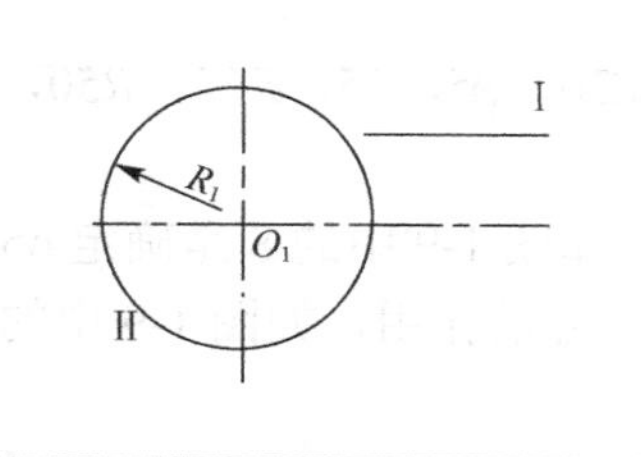 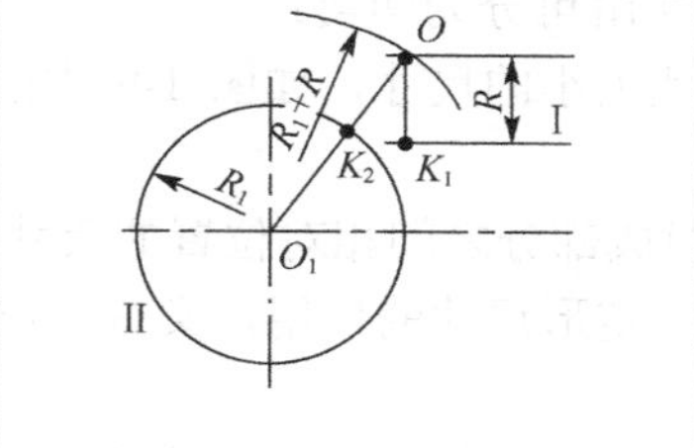 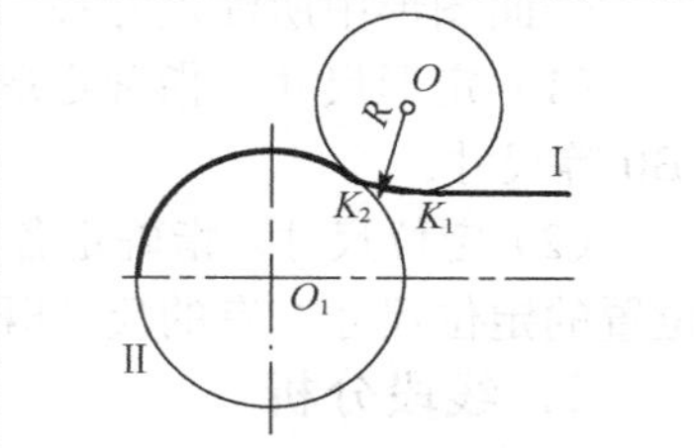		

二、两圆弧间的圆弧连接

两圆弧间圆弧连接分为三种：外连接、内连接、混合连接。

1．外连接（见表1-11）

表1-11　外连接

连 接 要 求	求连接弧的圆心 O 和切点 K_1,K_2	画 连 接 弧
外切 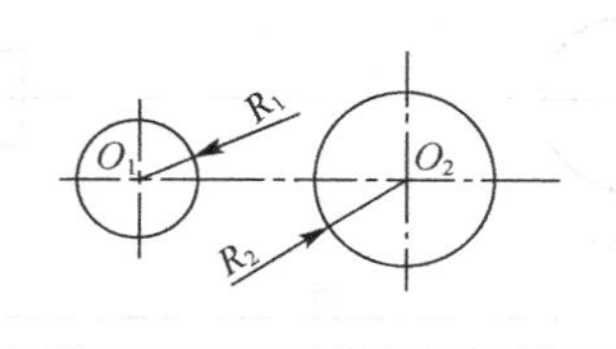 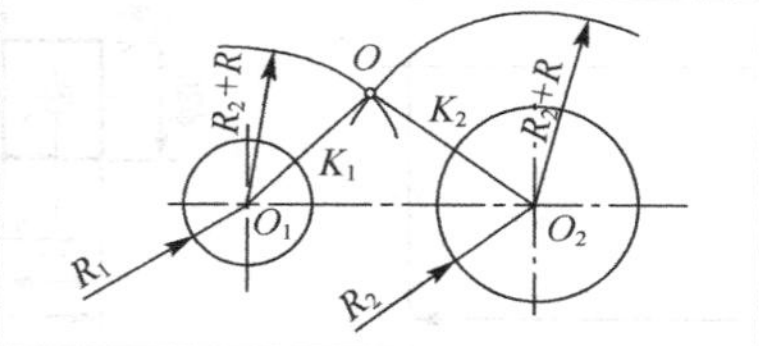 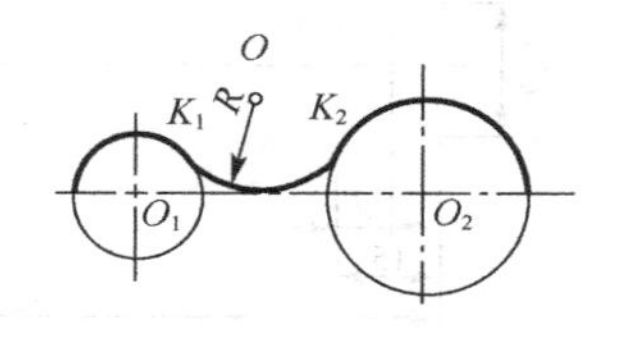		

2．内连接（见表1-12）

表1-12　内连接

连接要求	求连接弧的圆心 O 和切点 K_1,K_2	画 连 接 弧
内切 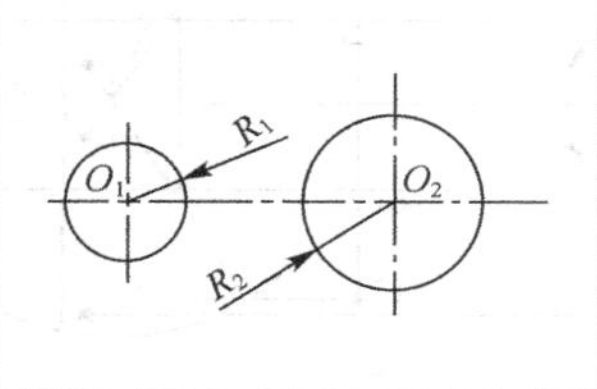 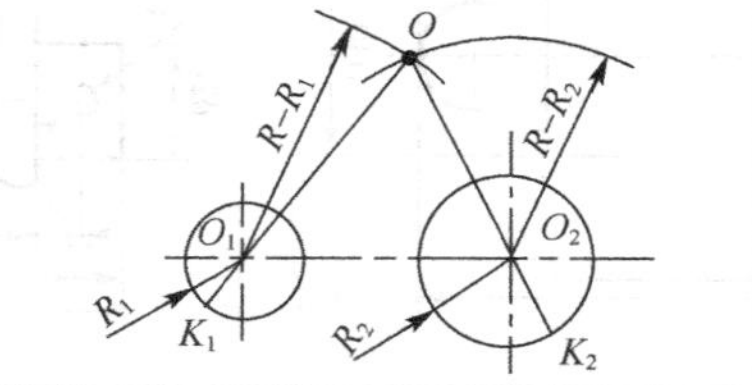 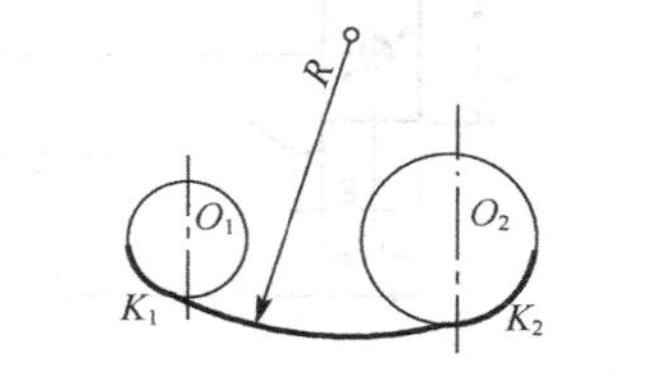		

3．混合连接（见表1-13）

表1-13　混合连接

连 接 要 求	求连接弧的圆心 O 和切点 K_1,K_2	画 连 接 弧
混合 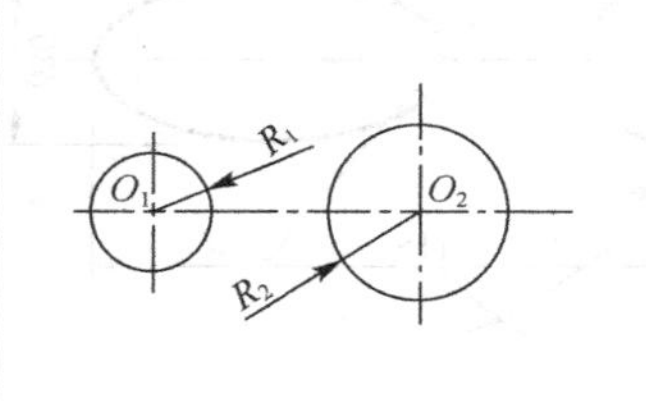 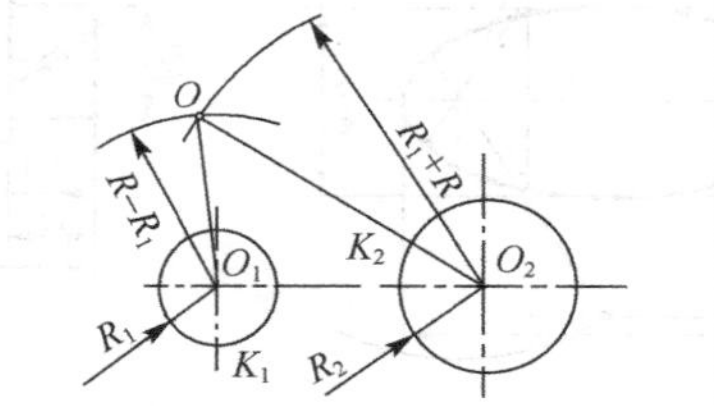 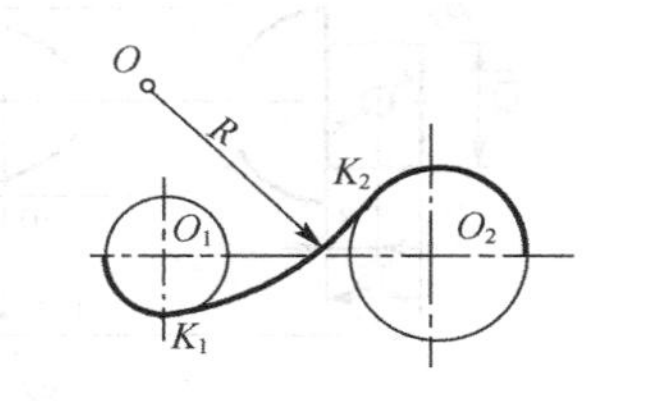		

【任务实施】

下面以图 1-9 所示手柄为例说明平面图形的分析方法和作图步骤（见图 1-10）。

1．尺寸分析

平面图形中所注尺寸按其作用可分为两类：

（1）定形尺寸。指确定形状大小的尺寸，如图 1-9 中的 $\phi20$，$\phi5$，15，$R15$，$R50$，$R8$，$\phi30$ 等尺寸。

（2）定位尺寸。指确定各组成部分之间相对位置的尺寸，如图 1-9 中的 8 是确定 $\phi5$ 小圆位置的定位尺寸。有的尺寸既有定形尺寸的作用，又有定位尺寸的作用，如图 1-9 中的 115。

2．线段分析

平面图形中的各线段，有的尺寸齐全，可以根据其定形、定位尺寸直接作图画出；有的尺寸不齐全，必须根据其连接关系通过几何作图的方法画出。按尺寸是否齐全，线段分为三类：

（1）已知线段。指定形、定位尺寸均齐全的线段，如手柄的 $\phi5$，$R8$，$R15$。

（2）中间线段。指只有定形尺寸和一个定位尺寸，而缺少另一定位尺寸的线段。这类线段要在其相邻一端画出后再根据连接关系（如相切），通过几何作图的方法画出。

（3）连接线段。指只有定形尺寸而缺少定位尺寸的线段，如手柄的 $R40$。

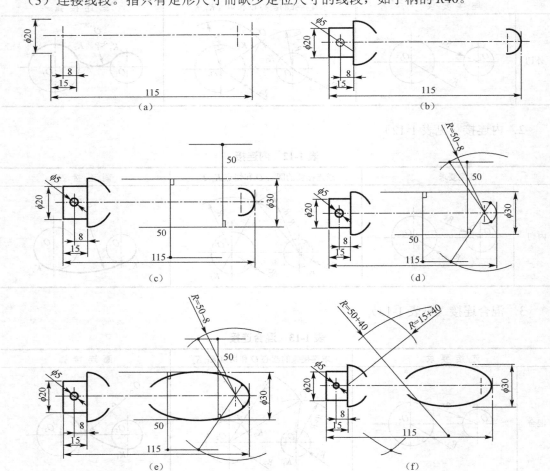

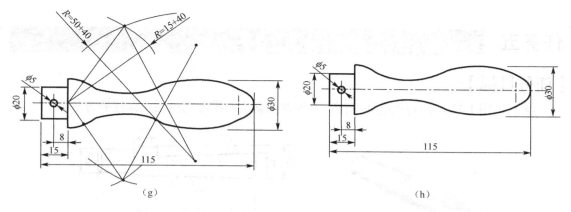

图 1-10　手柄作图步骤

【实践能力】

1. 抄画图

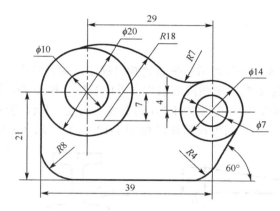

2. 抄画图零件轮廓（起重钩）

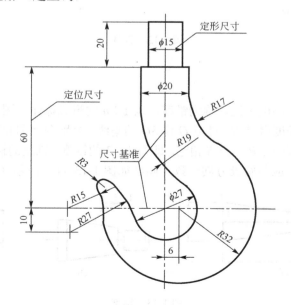

任务五　绘制拉楔的平面图

【任务目标】

绘制如图 1-11 所示拉楔的平面图，从而掌握斜度和锥度的画法及标注的方法。

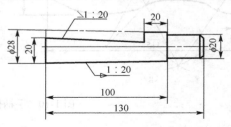

图 1-11　拉楔

【知识链接】

一、斜度

一直线对另一直线或一平面对另一平面的倾斜程度，称为斜度，在图样中以 $1:n$ 的形式标注。图 1-12（a）由点 A 起水平线段上取六个单位长度，得点 D，过点 D 作垂线 DE，取 DE 为一个单位长，连 AE，即得斜度为 $1:6$ 的斜线。斜度的标注方法如图 1-12（b）所示，斜度符号要与斜度方向一致。斜度符号画法如图 1-12（c）所示（h 为字高）。

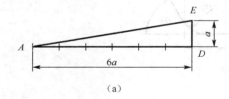
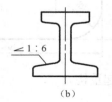
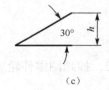

（a）　　　　　　　　　　　（b）　　　　　　　　　　　（c）

图 1-12　斜度

二、锥度

圆锥底圆直径与锥高度之比，称为锥度，以 $1:n$ 的形式标注。图 1-13（a）由点 S 起水平线段上取六个单位长度得点 O，过点 O 作 SO 的垂线，分别向上和向下截取一个单位长度，得 A、B 两点；分别过点 A、B 与点 S 相连，即得 $1:3$ 的锥度。锥度的标注方法如图 1-13（b）所示，锥度符号的方向应与圆锥方向一致。画法如图 1-13（c）所示（h 为字高）。

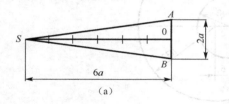
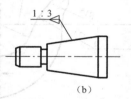
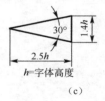

（a）　　　　　　　　　　　（b）　　　　　　　　　　　（c）

图 1-13　锥度

【任务实施】

绘制拉楔平面图的作图步骤见表 1-14。

表 1-14　绘制拉楔平面图的作图步骤

画法与步骤	图　例
1. 作基准线 作径向基准和轴向基准线，相交于 *M* 点 2. 作已知线段 依据尺寸 100 mm、130 mm、20 mm、ϕ20 mm、ϕ28 mm 画已知线段，得交点 *C*、*D*、*K*	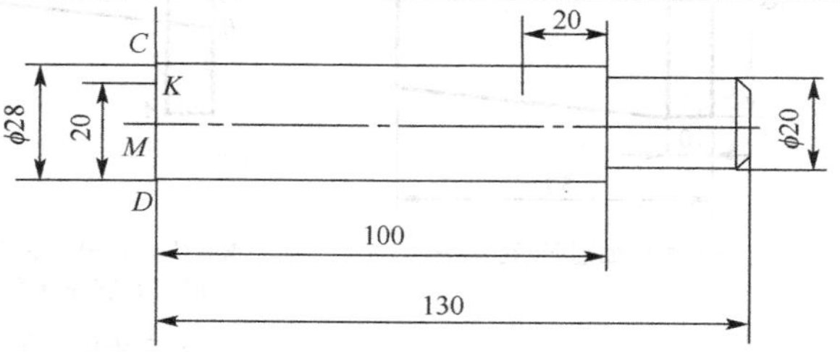
3. 作锥度 从 *M* 点在轴线上取 20 个单位长得到 *N* 点，从 *M* 点沿垂直基准线截取 1 个单位长的线段 *AB*（*MA*=*MB*），连接 *AN*、*BN* 得到 1：20 锥度的圆锥。过点 *C*、*D* 分别作 *AN*、*BN* 的平行线 *CE*、*DF*，完成 1：20 锥度	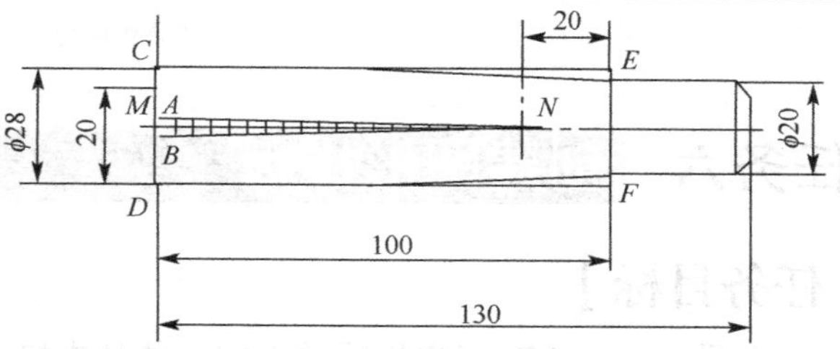
4. 作斜面 从 *M* 点在轴线上取 20 个单位长得到 *H* 点，从 *M* 点沿垂直基准线向上截取 1 个单位长的线段 *MG*，连接 *GH* 得到 1：20 斜度的斜线。过点 *K* 作 *GH* 的平行线，完成 1：20 斜度	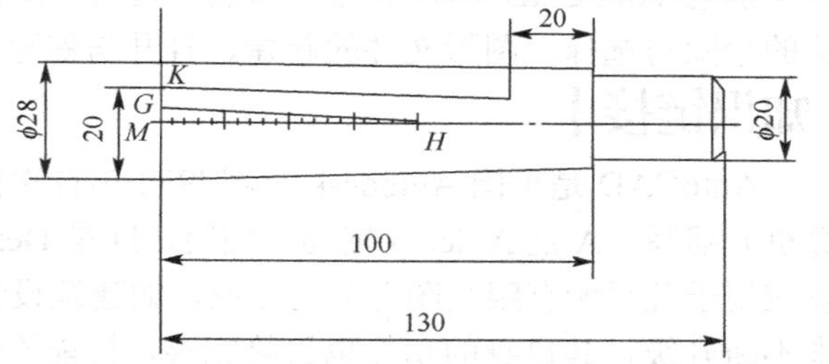
5. 检查 检查无误后，去掉多余辅助线，加深图线，标注尺寸，完成作图	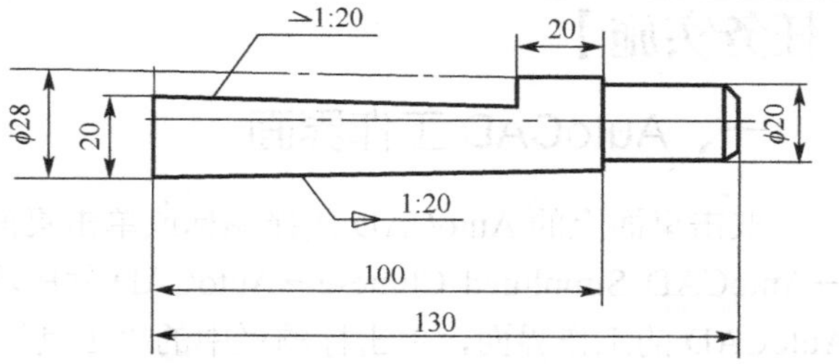

【实践能力】

1. 分析斜度的画法

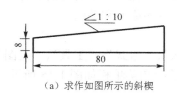

（a）求作如图所示的斜楔	（b）作 *OB*⊥*OA*，在 *OA* 上任意取 10 单位长度，在 *OB* 上取 1 单位长度，连接 10 和 1 点，即为 1：10 的斜度	（c）按尺寸定出点 *C*，过点 *C* 作 10—1 的平行线，即完成作图

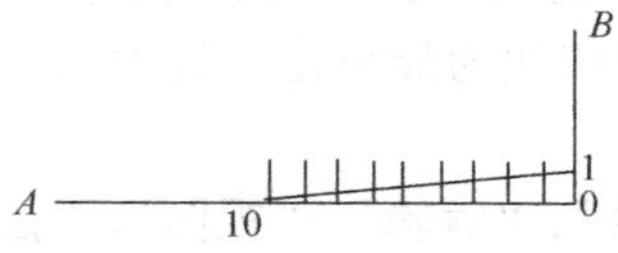

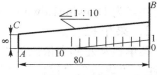

2．分析锥度的画法

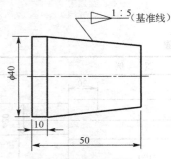

（a）求作如图所示的图形

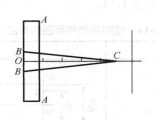

（b）从点 O 开始任意取 5 单位长度，
得点 C 在左端面上下分别取长度
为 $\frac{1}{2}$ 单位长度，得点 B，连 BC，
即得锥度为 1：5 的圆锥

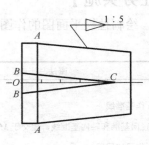

（c）过点 A 作线 BC 的平行线，
即完成作图

任务六　创建图形样板

【任务目标】

熟悉 AutoCAD 用户界面并掌握一些基本操作，如工具栏的调用，命令的输入方法，对象的删除与选择，图形文件的新建、打开与保存，绘图界面的设置，程序的退出等。

【知识链接】

AutoCAD 是美国 Autodesk 公司 1982 年首次推出的交互式绘图软件，C 是 Computer（计算机）缩写，A 是 Aided（辅助）缩写，D 是 Design（设计）缩写，Auto 是自动的意思，可以应用于几乎所有跟绘图有关的行业，如建筑设计、机械制图、化工电子、土木工程等。版本不断升级，其自身的功能也日趋完善，性能不断提高。

【任务实施】

一、AutoCAD 工作界面

双击桌面上的 AutoCAD 快捷图标或单击桌面上"开始"按钮，选择"程序"→Autodesk→AutoCAD Simplmed Chinese→AutoCAD 程序项，即可启动 AutoCAD。启动之后，即进入 AutoCAD 的工作界面，单击标题栏中的"工具"｜"工作空间"，切换至"AutoCAD 经典"界面，如图 1-14 所示。界面主要由标题栏、工具栏、绘图窗口、命令行窗口、工具选项板、状态栏等组成。

1．标题栏

标题栏位于工作界面的顶部，左侧显示该程序的图标及当前所操作图形文件的名称（默认文件名为 Drawing1.dwg）。右侧依次为最小化、最大化（向下还原）和关闭。

2．菜单栏

菜单栏从左到右依次为"文件"、"编辑"、"视图"、"插入"、"格式"、"工具"、"绘图"、"标注"、"修改"、"窗口"、"帮助"等 11 个下拉菜单。常用的绘图菜单栏如图 1-15 所示。

3．工具

工具栏中有 AutoCAD 为用户提供的某一命令的快捷按钮。用户可以根据自己的需要打开或关闭其中的一部分工具栏。常见的工具栏有：标准工具栏、样式工具栏、图层工具栏、特性工具栏、绘图工具栏和修改工具栏等。工具栏可根据所要绘制的图形进行相关的调用和取消。

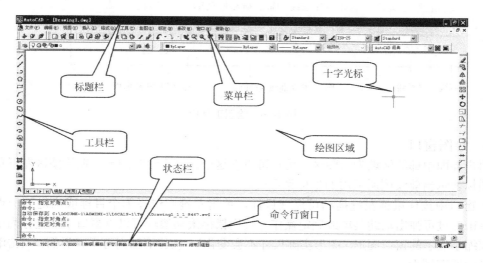

图 l-14　AutoCAD 工作界面

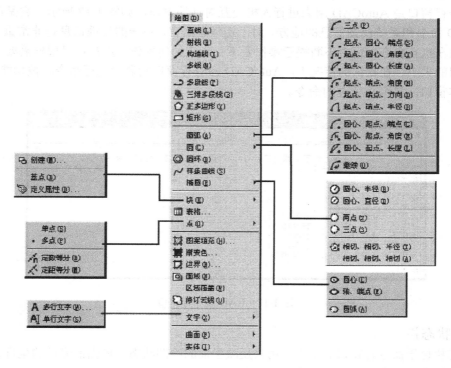

图 1-15　绘图菜单栏

在任一打开的工具栏上单击鼠标右键，点击打开工具栏快捷菜单，单击所需打开的工具栏名称，使之名称前打"√"，即可选择添加或取消所要用的工具栏。

工具栏中的每个图标直观地显示其对应的功能。如果不知其意，可将光标置于图标上（不

21

必按它），这时图标名称就会出现在图标下方的方框里。与此同时屏幕下方的状态栏中会给出此图标的功能说明。如图 1-16 为绘图工具栏。

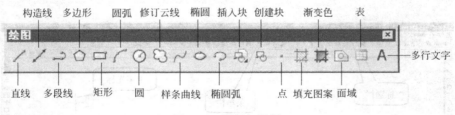

图 1-16　绘图工具栏

4．绘图窗口

用户界面中部的区域为绘图区，用户可以在这个区域内绘制图形。在绘图区左下角的坐标系图标表示当前绘图所采用的坐标系形式。

在窗口中按住鼠标左键拖动可框选目标，单击左键可选择单个目标或确定某一点的位置，单击右键可弹出辅助菜单或确定操作。使用鼠标滚动滚轴可以以窗口十字光标为中心，放大或缩小显示的窗口图形（图形实际尺寸不会变化）。按住滚轴则可平移界面。双击滚轴可全屏显示所有图形。

5．命令行窗口

命令行窗口是 AutoCAD 用来进行人机交互对话的窗口，如图 1-17 所示。它是用户输入 AutoCAD 命令和系统反馈信息的地方。对于初学者而言，系统的反馈信息是非常重要的，因为它可以在执行命令过程中不断提示操作者下一步该如何操作。用户可以根据需要，改变命令行窗口的大小。在默认的情况下，AutoCAD 命令行窗口能显示三行命令。按功能键 F2 可弹出文本窗口，显示执行过的命令。

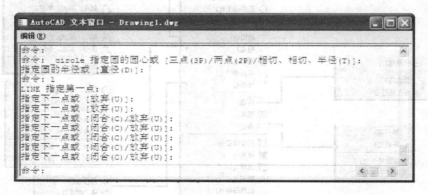

图 1-17　CAD 命令行窗口

6．状态栏

状态栏位于命令行窗口的下方，用来反映当前的绘图状态。如当前光标的坐标、是否启用了正交模式、对象捕捉、栅格显示等功能。

二、AutoCAD 命令的输入方法

AutoCAD 提供了多种命令输入方法，主要有命令行输入、工具栏输入、下拉菜单输入和快捷菜单输入等。现举例如下：

绘制两端点坐标分别为(100，100)、(350，200)的线段。

1．命令行输入

在命令行窗口的命令指示行中，直接输入命令名后，按 Enter 键或空格键执行。

命令：line✓(在"命令："后面键盘输入画线命令"line"或"1"然后按 Enter 键)

指定第一点：100，100✓ / (输入第一点坐标"100，100"，然后按 Enter 键)

指定下一点或[放弃(U)]：350，200✓(输入下一点坐标"350，200"，然后按 Enter 键)

指定下一点或[放弃(U)]：　　✓(直接按 Enter 键表示结束画线命令)

命令：(系统回到待命状态)

应尽量熟记命令名的英文形式，特别是各种命令的快捷键。例如，输入"L"来启动"Line"直线命令；输入"C"来启动"Circle"画圆命令；输入"E"来启动"ERASE"删除命令；输入"Z"来启动"Zoom"缩放命令；输入"M"来启动"MOVE"移动命令；输入"TR"来启动"TRIM"剪切命令；输入"CO"来启动"COPY"复制命令等等。AutoCAD 允许用户在 acad．pgp 文件中定义自己的命令快捷键。

2．工具栏输入

用户进入 AutoCAD 界面后，在屏幕上显示的常用工具栏有："标准"工具栏、"图层"工具栏、"对象特性"工具栏、"绘图"工具栏及"修改"工具栏。工具栏中的每个图标能直观地显示其相应的功能，用户需要使用哪些功能，只要用鼠标直接单击代表该功能的图标即可。例如，在上面的例子中，在第一步输入画线命令时，不通过键盘输入"line"命令名，而是用鼠标直接单击"绘图"工具栏中的图标 ／，计算机会出现"_line 指定第一点："的提示，这时用户可输入第一点坐标并按 Enter 键，后面的操作步骤同键盘输入。

3．下拉菜单输入

使用菜单输入时移动鼠标并将鼠标指针移至下拉菜单栏中的某一项，便出现该项的子菜单，如在输入"直线"命令时，可选择菜单栏中的"绘图"命令，但后选择子菜单中的"直线"命令，计算机也会出现"__line 指定第一点："的提示，这时用户可输入第一点坐标按 Enter 键，以后操作步骤同键盘输入。

在 AutoCAD 中，下拉菜单有以下三种类型。

（1）菜单项后带 ▶ 符号。表示此选项还有子菜单，用户可作进一步选择。

（2）菜单项后带有"…"符号。表示该选项后将弹出一个对话框，用户将进行进一步选择和设置。

（3）菜单项后无任何符号。表示选择该项后将直接执行 AutoCAD 命令。有些选项右边出现字母，那是与该选项相对应的快捷键，通过按相应的快捷键，可以快速执行该选项对应的命令和功能。熟练掌握快捷键可大大加快绘图速度。

4．重复执行命令

当执行完一个命令后，空响应（在命令的提示行不输入任何参数或符号，直接按"空格"键或 Enter 键）会重复执行前一个命令。

5．中断执行命令

如果出现误操作或需要中断命令的执行，只要在键盘左上角按 Esc 键，任何命令都可中断。

6．撤销已执行的命令

单击"标准"工具栏中的"放弃"命令按钮 ⤴ ，或按 Ctrl+Z 快捷键，或选择"编辑"

下拉菜单中的第一个菜单项，均可撤销最近执行的一步操作。

如果希望一次撤销多步操作，可单击"放弃"命令按钮 右侧的按钮 ▼ ，然后又在弹出的操作列表中上下移动选择操作步数，最后单击鼠标确认。也可以在命令行中输入"放弃"命令 UNDO，然后输入想要撤销的操作步数并按 Enter 键确认。

一般情况下，除了结束命令按 Enter 回车键，取消命令按 Esc 退出键，重复上一命令按空格键或回车键外，也可以通过鼠标左、右键进行相应操作。

三、AutoCAD 对象的选择与删除

1. 对象的选择

AutoCAD 的图形编辑命令(如删除命令)都要求用户选择要进行编辑的对象。在执行编辑命令时，AutoCAD 会提示：

选择对象：

这时要求用户选择要编辑的对象，并且十字光标变成拾取靶。AutoCAD 有多种选择对象的方式，下面给介绍两种最常见的方式。

（1）单击选取对象。这是最基本的选择方式。直接将拾取靶移动感到被选择对象的任意部分并单击，则该对象被选中，反复单击可选择多个对象。这时，选中的视图会显示成虚线状态，形成一个选择集。要从选择中取消某个对象，可在按住 Shift 键的同时单击选择该对象。要取消全部对象选择，可按 ESC 键。

（2）利用"窗选"和"交选"方式选取对象。如果希望选择一组临近对象，可使用"面选"和"交选"方式。

"窗选"是指先确定选择窗口左侧角点，然后向右移动光标，确定其对角点，即自左向右拖出选择窗口，此时所有完全包含在选择窗口中的对象均被选中，如图 1-18(a)所示。

"交选"是指先确定选择窗口右侧角点，然后向左移动光标，确定其对角点，即自左向右拖出选择窗口，此时所有完全包含在选择窗中的对象以及所有与窗口相交的对象均被选中，如图 1-18(b)所示。

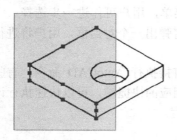
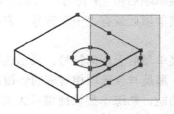

(a)"窗选"方式　　　　　　　　　　　　　　　　　　(b)"交选"方式

图 1-18　利用"窗选"和"交选"方式选取对象

2. 对象的删除

要删除某一对象，先单击"修改"工具栏上的按钮 ✐ ，或者在命令行中输入"e"（ERASE 命令的缩写），然后选择该对象，按空格或 Enter 键，对象即被删除。也可以选择对象，后单击 ✐ 或输入"e"，或按键盘上的 Del 键，都可以把该对象删除。

四、图形文件的新建、打开、保存与退出

1．新建图形文件

方法一：选择"文件"|"新建"菜单命令。

方法二：在标准工具栏中单击"新建"图标 ▢ 。

方法三：在命令提示窗口，使用 New 命令。

方法四：在 AutoCAD 界面下使用快捷键"Ctrl+N"，可以直接进入样板选择对话框，选择相应样板，单击打开，创建一个新的 CAD 文件。

2．打开已有绘图文件

方法一：选择"文件"|"打开"菜单命令。

方法二：在标准工具栏中单击"打开"图标 。

方法三：在命令提示窗口，使用 Open 命令。

方法四：在 AutoCAD 界面用快捷键"Ctrl+O"。

选择已有的绘图文件点击打开，便可对打开的图形进行编辑了。

3．保存图形文件

方法一：选择"文件"|"保存"菜单命令。

方法二：在标准工具栏中单击"保存"图标。

方法三：在命令提示窗口，使用 Save 命令。

执行保存命令后，AutoCAD 将当前图形直接以原文件名存入磁盘，不再提示输入文件名，若当前所绘图形没有命名，则弹出"图形另存为"对话框，可在该对话框中指定要保存的文件夹、文件名称和文件类型。

要设置文件自动保存的时间间隔，还可以在窗口空白处点击右键，或选择"工具"|"选项"菜单命令，在打开的"选项"对话框中选择"打开和保存"选项卡进行设置。

4．CAD 程序的退出

退出 AutoCAD 程序的途径有：

（1）单击界面右上角"关闭窗口"按钮；

（2）按 Ctrl+Q 快捷键；

（3）在命令行输入命令"quit"或"exit"；

（4）选择下拉菜单中的"退出 AutoCAD"选项。

在退出时，如果修改后没有存盘，则弹出存盘提示对话框，如图 1-19 所示，提醒用户是否保存当前图形所作的修改后再退出。如果当前的图形文件还没有命名，在选择了保存后，AutoCAD 将弹出保存文件对话框，让用户输入图形文件名。

图 1-19　存盘提示对话框

五、图形样板的创建

1．绘图界面的设置

第一次使用 AutoCAD 时，其绘图区为黑色背景，如果要将背景颜色设置为白色，可执行以下操作步骤。

（1）选择"工具"|"选项"菜单命令，打开"选项"对话框。

（2）选择"显示"选项卡，在"窗口元素"设置区中单击"颜色"按钮，然后在"颜色"

下拉列表框中选择"白"并单击"应用并关闭"按钮，这时绘图窗口背景颜色将显示为白色，单击"确定"按钮，保存设置。所需要的界面设置完成。如图1-20所示。

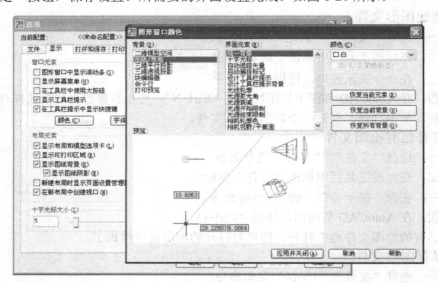

图1-20 "显示"选项卡

2．图层的设置

（1）建立图层。机械图样都是由不同的线型所绘制的，常用机械图形包含了四种线型：粗实线（可见轮廓）、细实线（尺寸、剖面线）、细点画线（轴线、中心线）、虚线（不可见轮廓）。用AutoCAD绘制平面图形时，为了绘图方便，不同的线型一般放在不同的图层上。因此，画图前首先要建立图层。步骤如下。

输入命令：layer或la（或单击"图层"工具栏中的"图层特性管理器"图标），打开"图层特性管理器"对话框。

新建图层。默认情况下只有一个图层——0层，它是白色、连续线型、默认线宽。单击"图层特性管理器"中的"新建图层"按钮，将创建一个名为"图层1"的新图层，如图1-21所示。在"名称"文本框中输入新图层名为"中心线"。注意：0层不可以改名。

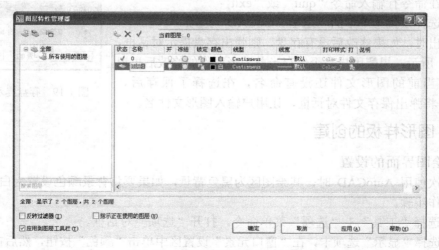

图1-21 "图层特性管理器"对话框

（2）设置新建图层颜色。单击新建图层"中心线"层所在行的颜色块，弹出"选择颜色"对话框，如图1-22所示。在"索引颜色"选项卡中选择颜色"红"，单击"确定"按钮。

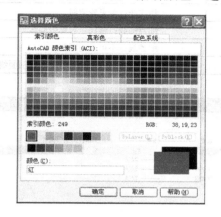

图 线 类 型		颜色
粗实线		白色
细实线		
波浪线		绿色
双折线		
细虚线		黄色
细点画线		红色
粗点画线		棕色
细双点画线		紫色

说明：表1-4

图1-22　图形颜色的规定（GB/T 18229—2000）

为了便于绘图，屏幕上显示图线，一般应按图1-22中提供的颜色显示，并建议相同形式的图形应采用相同的颜色。

（3）设置新建图层线型。单击新建图层"中心线"层所在行的线型"Continuous"字样，弹出"选择线型"对话框，如图1-23(a)所示。已加载的线型只有"Continuous"。单击"加载"按钮，弹出"加载或重载线型"对话框，如图l-23(b)所示。选择新加载的线型"CENTER"，单击"确定"按钮，则线型"CENTER"被加载到"选择线型"对话框的线型列表中。注意：加载后还要点击选择新加载的线型"CENTER"，单击"确定"按钮，才能完成线型由"Continuous"更换为"CENTER"的设置操作。

（4）设置新图层线宽。默认情况下，新建图层的线宽为"默认"。单击新建图层"0"层所在行的线宽"默认"字样，弹出"线宽"对话框，如图1-24所示，选择"0.30毫米"，单击"确定"按钮，完成新图层线宽设定。此处线宽为"打印"线宽。要在图上显示出线宽，应将状态栏中的"显示/隐藏线宽"按钮按下。

（a）

（b）

图1-23　"加载或重载线型"对话框　　　　　　　图1-24　"线宽"对话框

其他图层新建方法同上。

常用图层名称、颜色、线性、线宽设置及用途见表1-15。

表 1-15　常用图层名称、颜色、线性、线宽设置及用途

序号	名　称	颜色	线　型	线宽 / mm	用　途
1	0	白色	Continuous	0.3	粗实线：可见轮廓线
2	中心线	红色	CENTER	默认	细点画线：轴线、对称中心线
3	虚线	黄色	DASHED	默认	细虚线：不可见轮廓线
4	尺寸线	绿色	Continuous	默认	细实线：尺寸线及尺寸界线、剖面线

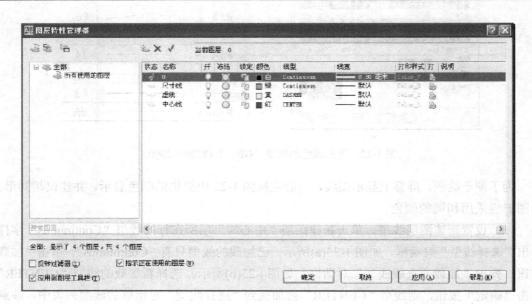

图 1-25　图层设置结果

图层建好后，如图 1-25 所示。单击对话框中的"确定"按钮。回到用户界面之后要注意检查"对象特性"工具栏(图 1-26)的三个控制窗口中是否均为"ByLayer"，若不是，可单击各窗口右侧的控制按钮或空白区域，并选择"ByLayer"。接着单击"图层"工具栏（图 1-27）窗口右侧的控制按钮或空白区域，可切换不同的图层，同时注意观察"对象特性"工具栏中三个控制窗口的变化，发现颜色、线型、线宽均会随不同的图层而变化，即"随层"也就是"ByLayer"。

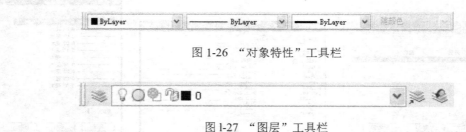

图 1-26　"对象特性"工具栏

图 1-27　"图层"工具栏

（5）设置图层的属性。

为作图方便，控制图层的 3 个属性"打开 / 关闭、解冻 / 冻结、解锁 / 锁定"在不同的要求下，有不同的应用：

打开/关闭：单击图层名称右侧的灯泡图标，可设置图层的关闭与打开，当图层打开时，它是可见的，并且可以打印。当图层被关闭后，该层上的所有对象不可见，也不可打印，如

图 1-28 中的尺寸线层已被关闭。

解冻／冻结：单击灯泡右侧的雪花图标，可实现图层的冻结和解冻。图层冻结期间，既不可见，也不可打印，而且也不能更新或输出图层上的对象。因此，对于一些不需要输出的层，应冻结，这样可增强对象选择的性能并减少复杂图形重新生成的时间(即加快输出的速度)，如图 1-28 中的虚线层已被冻结。

解锁／锁定：单击雪花图标右侧的锁头图标，可实现图层的锁定与解锁。层被锁定以后，用户可以看到层上的实体，但不能对它进行编辑。当所绘图形较为复杂时，可以锁定当前不使用的层，从而避免一些不必要的误操作，如图 1-28 中的中心线层已被锁定。

图 1-28 "图层"的打开与关闭

3．保存图形样板

样板文件是一种包含有特定图形设置的图形文件(扩展名为" . dwt")，其设置包括：单位类型和精度、图形界限、图层组织、标题栏和边框、标注和文字样式、线型和线宽等。在一个新图中设置好并存为模板文件，在绘制新图样时调入并在此基础上开始绘图，能更好地提高绘图效率和质量。

通过前面的操作，样板图及其环境已经设置完毕，可以保存为自己的样板文件。选择"文件"菜单中的"另存为"，将"文件类型"选择为"图形样板(* .dwt)"，输入自定义的文件名称后，单击"保存"按钮保存模板，如图 1-29 所示。

图 1-29 "图形另存为"对话框

任务七　用 AutoCAD 绘制简单平面图形

【任务目标】

掌握 AutoCAD 基本绘图命令中直线、圆和矩形等相关命令及作图方法；掌握点的形式、对象捕捉点的设置。通过练习，学会如图1-30所示简单平面图形的绘制。

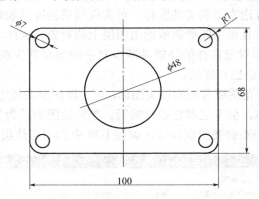

图1-30　简单平面图形的绘制

AutoCAD 的基本绘图命令，包括坐标点的表示方法，直线、圆、弧、椭圆、椭圆弧、多义线、多线、样条线、多边形、矩形等基本图形的绘制以及区域填充、实填充等命令的使用。

绘图可以通过绘图工具栏、菜单和命令三种方式进行。工具栏比较直观，适合初学者，其位置可根据个人使用习惯确定（按住最左边或最上边拖动），如图1-31所示。

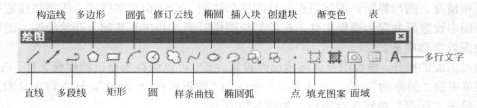

图1-31　绘图工具栏

一、坐标点的表示方法

要准确快速绘制一张图纸必须依赖于坐标数据的正确及快速输入。

AutoCAD 的坐标系与平面直角坐标系一致，x 轴为水平轴，水平向右为正方向，Y 轴为垂直轴，垂直向上为正方向，Z 轴垂直于 XY 平面，指向屏幕外边为正方向，为世界坐标系（WCS）。

AutoCAD 的绘图区，相当于平面直角坐标系的第一象限，坐标原点默认为(0,0)，位于绘图区的左下角。绘图区域点的坐标显示在命令窗口左下方，如图1-32所示。

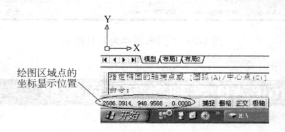

图1-32　点的坐标显示

1．绝对直角坐标输入

运行 AutoCAD 后，在绘图区随意移动鼠标可以观察到状态栏的左下方有一坐标显示栏，坐标值的数字随着鼠标的移动而变化，其中前一个数字代表 X 轴的坐标值，第二个数字代表 Y 轴的坐标值，第三个数字代表 Z 轴的坐标值，在二维平面中 Z 始终为 0.0000。这里显示的坐标值为绝对坐标值。绘图时直接输入坐标值。注意：输入坐标时，应为英文输入法，否则系统不认定中文输入法下的逗号"，"。

2．相对直角坐标输入

利用绝对坐标法可以画出基本图形，但是如果图形复杂就会十分不方便，因为要算出各点在绘图区域的坐标值，因此为了方便绘制图形及输入坐标，AutoCAD 引出了数学中常用的坐标表示方法——相对坐标。

相对坐标的表示方法：@ΔX，ΔY(ΔX：表示后点相对于前一点的 X 轴上的距离，其为正值时后点在前点的右边，为负值时则在左边；ΔY：表示后点相对于前一点的 Y 轴上的距离，其为正值时则后点在前点的上边，为负值时则在下边)。

3．极坐标输入

极坐标是指原点到某一点的距离和与 X 轴正方向的夹角来确定坐标点的表达方式，它也是相对坐标中的一种。

极坐标的表示方法是：@长度<角度，其中正角度表示沿逆时针方向旋转，负角度表示沿顺时针方向旋转。

4．点的样式选择

从几何角度讲，点是一切图形元素的基础，但是在真正的图纸绘制过程中，点对象用得很少，它主要起到一个标记功能。例如，可以将点对象用做捕捉和偏移对象的节点或参考点，也可以用来标记曲线的采样点，还可以用做等分任何线条对象的等分标记。

点对象在绘制前最好设置其样式和大小，以保证在屏幕上清晰可辨。比如极小的圆点对象在屏幕上几乎看不清楚，作线条的等分点则根本看不到，因此可以相对屏幕或用绝对单位来设置点样式及其大小，可执行以下操作步骤：

选择"格式"|"点样式"菜单命令，打开"点样式"对话框，在"点样式"对话框中选择一点样式，如图 1-33 所示。

① 在"点大小"中指定点大小。

② 单击"确定"按钮。

创建点标记，可执行以下操作步骤：

① 选择"绘图"|"点"|"单点"或"多点"→菜单命令。

② 指定点的位置。

③ 如果是"多点"，那么可继续指定其他点的位置，直到按 Enter 键或 Esc 键结束点的绘制。

二、使用对象捕捉

在绘制图形过程中，常常需要拾取某些特殊点，如圆心、切点、端点、中点或垂足等。靠人的眼力来准确地拾取这些点，是非常困难的。AutoCAD 提供了"对象捕捉"功能，可以迅速、准确地捕捉到这些特殊点，从而提高了绘图的速度和精度。对象

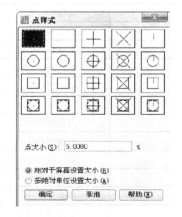

图 1-33　点样式的选择

捕捉可以分为两种方式：单一对象捕捉和自动对象捕捉。单一对象捕捉工具包含在 **对象捕捉**

工具栏中，如图 1-34 所示。自动对象捕捉是将状态栏中的对象捕捉打开，并在 工具(T) → 草图设置(F)... 对话框中打开 对象捕捉 选项卡，或者右键单击状态栏中的捕捉、栅格、对象捕捉等，在相关选项卡中进行对象捕捉操作，如图 1-35 所示。

图 1-34 "对象捕捉"工具栏

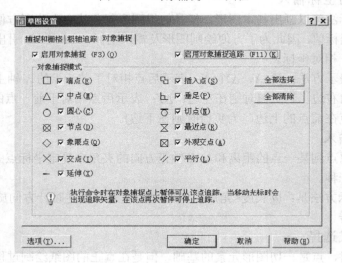

图 1-35 "对象捕捉"选项卡

"对象捕捉"工具栏中的各种捕捉模式的名称和功能如表 1-16 所示。

表 1-16 对象捕捉工具及功能

图 标	名 称	功 能
	临时追踪点	创建对象捕捉所使用的临时点
	捕捉自	从临时参照点偏移
	捕捉到端点	捕捉到线段或圆弧的最近端点
	捕捉到中点	捕捉到线段或圆弧等对象的中点
	捕捉到交点	捕捉到线段、圆弧、圆等对象之间的交点
	捕捉到外观交点	捕捉到两个对象的外观的交点
	捕捉到延长线	捕捉到直线或圆弧的延长线上的点
	捕捉到圆心	捕捉到圆或圆弧的圆心
	捕捉到象限点	捕捉到圆或圆弧的象限点
	捕捉到切点	捕捉到圆或圆弧的切点
	捕捉到垂足	捕捉到垂直于线、圆或圆弧上的点
	捕捉到平行线	捕捉到与指定平行的线上的点
	捕捉到插入点	捕捉块、图形、文字或属性的插入点
	捕捉到节点	捕捉到节点对象
	捕捉到最近点	捕捉离拾取点最近的线段、圆、圆弧或点等对象上的点
	无捕捉	关闭对象捕捉模式
	对象捕捉设置	设置自动捕捉模式

使用对象捕捉的具体步骤如下：

（1）执行一个需要指定点的绘图命令。

（2）当命令行中提示用户指定点时，可随时启用对象捕捉功能中提供的各种对象捕捉。建议平时根据个人使用习惯，将对象捕捉功能中"端点、中点、圆心、象限点、交点、垂足"等打开。

（3）当鼠标移动到接近捕捉位置时，系统会自动显示图形对象上的捕捉点标记，然后只需单击鼠标左键即可精确定位到相应的点。

提示：对象捕捉工具栏中的"捕捉自"按钮 并不是对象捕捉模式，但它经常与对象捕捉一起使用。在使用相对坐标指定下一个应用点时，捕捉自工具可以提示用户输入基点，并将该点作为临时参考点，这与通过输入前缀@使用最后一个点作为参考点类似。

三、绘制直线命令

绘制直线是绘图中最常用的命令，它包括绘制直线段、射线、构造线等，先学习绘制直线段。

1．设置当前图线

绘制直线段前一般应先确定其图层、线型、颜色等基本参数，然后再进行绘图。具体方法见上节。

2．绘制直线段

绘制直线段的方法可选择"绘图"|"直线"菜单命令，或单击图标 ，或使用 Line 命令。

方法一：可以通过绝对坐标确定两点坐标的方法绘制直线段。

方法二：可以通过相对坐标确定两点坐标的方法绘制直线段。

方法三：如果只知道直线的长度和与 X 轴的夹角大小，则运用极坐标的方法绘制直线段。

执行 LINE 命令后，系统给出指定点的提示，执行该命令的操作步骤如下：

（1）指定下一点，通过输入坐标值或使用鼠标指定直线的第一点。指定一点后，命令行继续提示如下：

（2）指定下一点或[放弃]：利用绝对坐标、相对坐标来指定直线的终点，或利用鼠标在绘图窗口上指定直线的终点，这样可以绘制一条首尾相接的直线。如果继续指定点，命令行会再一次重复提示如下：

（3）指定下一点或[闭合(C) / 放弃(U)]：输入 C，则使输入的直线的第一点与最后一点自动闭合。输入 U，则放弃刚画的直线段，重新需要指定下一点。

例：绘制如图 1-36 所示的图形，其操作步骤如下：

（1）命令：line↙

（2）指定第一点：-80,5↙

（3）指定下一点或[放弃(U)]：@20<45↙

（4）指定下一点或[放弃(U)]：@25,0↙

（5）指定下一点或[闭合(C)/放弃(U)]：@0,–30↙

（6）指定下一点或[闭合(C)/放弃(U)]：@–25,0↙

（7）指定下一点或　[闭合(C)/放弃(U)]：c↙

用 LINE 命令绘制水平线或垂直线时，可按下 F8 键或执行状态栏上正交按钮打开正交模式。

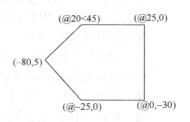

图 1-36　绘制直线

四、绘制圆的命令

绘制圆的方法有多种，用户应根据具体的给定条件，选择合适的绘制方法。AutoCAD默认的方法是指定圆心和半径。启动圆命令有如下3种方法：

方法一：菜单命令： 绘图(D) → 圆(C)

方法二：工具栏： 绘图 → ⊙

方法三：命令：CIRCLE

执行CIRCLE命令后，AutoCAD提示如下：

（1）指定圆的圆心或[三点(3P) / NA(2P) / 相切、相切、半径(T)]：指定圆心位置，或者通过其他选项绘制。

三点(3P)：通过圆周上的3点来绘制圆。

两点(2P)：通过确定直径的两个点绘制圆。

相切、相切、半径(T)：通过两条切线和半径绘制圆。

通过菜单命令： 绘图(D) → 圆(C) ，还可以通过三个切线绘制圆，如图1-37所示。

（2）指定圆的半径或[直径(D)]<>：直接输入半径值或输入字母D(大小写均可)后按空格或回车键，在命令窗口提示"指定圆的直径"后，再输入直径值，然后结束圆命令。如半径与最近一次输入完全一样(在<....>中有提示的半径数值)，可以直接按空格或回车键结束圆命令。

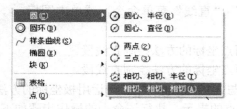

图1-37 通过三个相切对象画圆

五、绘制矩形命令

选择"绘图"｜"矩形"命令(RECTANGLE)，或在"绘图"工具栏中单击"矩形"按钮，即可绘制出倒角矩形、圆角矩形、有厚度的矩形等多种矩形。

矩形命令是用封闭的多段线作为四条边，并通过指定矩形的角点来绘制矩形。启动矩形命令有如下三种方法：

方法一：菜单命令： 绘图(D) → 矩形(G)

方法二：工具栏： 绘图 → □

方法三：命令：RECTANG

执行RECTANG命令后，AutoCAD提示如下：

1. 指定第一个角点或[倒角(C) / 标高(E) / 圆角(F) / 厚度(T) / 宽度(W)]：指定矩形的第一个角点或者通过其他选项进行绘制。各选项含义如下：

（1）倒角（C）：设置矩形的倒角距离，绘制倒角矩形。

（2）标高（E）：设置矩形在三维空间中的基面高度。

（3）圆角（F）：设置矩形的圆角距离，绘制圆角矩形。

（4）厚度（T）：设置矩形的厚度，即三维空间 Z 轴方向的高度。

（5）宽度（W）：设置矩形的线条宽度。

2．指定另一个角点或[尺寸（D）]：指定矩形的另一个角点。

如图 1-38 所示为矩形的几种类型。

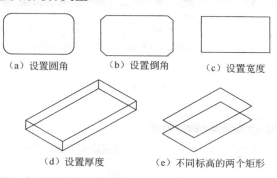

（a）设置圆角　　　（b）设置倒角　　　（c）设置宽度

（d）设置厚度　　　　（e）不同标高的两个矩形

图 1-38　不同类型的矩形

注意：若所绘制的图形较小或不在绘图窗口中间，可通过视图的缩放与平移改变图形显示大小，常用方法有：

（1）上下滚动鼠标滚轮可缩放视图，按住鼠标滚轮并拖动可以平移视图。

（2）单击"标准"工具栏中的"实时缩放"按钮，按住鼠标左键向上拖动光标，可以放大视图，沿相反方向拖动光标则缩小视图。按 ESC 键或 ENTER 键退出命令。

（3）单击"标准"工具栏中的"窗口缩放"按钮，然后在绘图区域内拖出一个选择窗口，则窗口内的图形将被放大到充满整个屏幕。

（4）单击"标准"工具栏中的"实时平移"按钮 (或输入命令 Pan)，按住鼠标左键并拖动光标，可以平移视图。

（5）单击"标准"工具栏中的"缩放上一个"按钮 (或 ZOOM 命令选 P 选项)，视图将回到上一次显示状态，且根据需要可连续操作。

【任务实施】

绘制平面图形时，应先对图形进行线段和尺寸分析，按照"先基准后轮廓，先主后次，先已知线段再中间线段后到连接线段"的作图顺序完成图形。如图 1-30 所示，按尺寸绘制简单平面图。作图步骤：

一、启动程序

二、设置图层

图样上有粗实线、细实线和细点画线 3 种图线，不同线型应设置图层。

（1）单击对象特性工具栏中的图层按钮，弹出"图层特性管理器"对话框，单击"新建图层"按钮在图形中创建一个新图层，系统自动命名为"图层 1"。此时图层名称呈现为可编辑状态，输入图层名"中心线"，将该图层命名为"中心线"，如图 1-39 所示。

（2）单击"中心线"图层上的线型图标"Continuous"，弹出"选择线型"对话框，选择

"CENTER"选项，然后单击"确定"按钮完成操作。若对话框中没有"CENTER"选项，单击"加载"按钮，弹出对话框，选中 CENTER 项，然后单击"确定"按钮，即可完成线型加载，如图 1-40 所示。

图 1-39　建立新图层

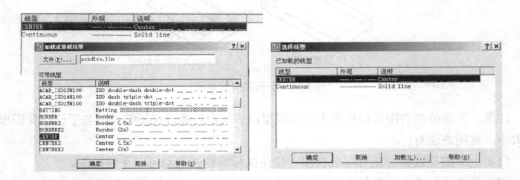

图 1-40　加载线型

（3）单击"中心线"图层上的线宽图标，弹出如右图所示的"线宽"对话框，在其中选择"0.20"选项，然后单击"确定"按钮完成操作。

（4）按照上述操作步骤，在图层中再分别建立"粗实线"和"细实线"图层。

三、绘制图形

1．画作图基准线

以中心线层为当前层，按功能键 F8，命令行显示"正交开"，或单击状态栏"正交模式"按钮 ，使其处于打开状态。

在命令行输入"直线"命令：line 或 l(或单击"绘图"工具栏中的"直线"图标)，则命令行提示如下：

命令：_line 指定第一点：-5，34

指定下一点或[放弃(U)]：向右移动光标，出现射线，输入 110

指定下一点或[放弃(U)]：（结束"直线"命令）

命令：（再按"空格"或"回车"键，重复"直线"命令）

命令：line 指定第一点：50，73

指定下一点或[放弃(U)]：

指定下一点或[放弃(U)：

结果如图 1-41(a)所示。

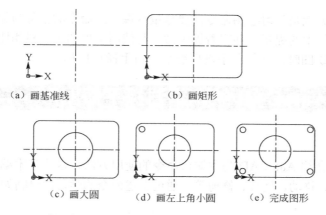

（a）画基准线　　　　　　　（b）画矩形

（c）画大圆　　　　（d）画左上角小圆　　　（e）完成图形

图 1-41　简单平面图形作图分解

2．画密封垫片的圆角矩形外形和内孔轮廓线

以粗实线层为当前层，在命令行输入"矩形"命令：RECTANG(或单击"绘图"工具栏中的"矩形"图标□)，则命令行提示如下。

命令：rectang

指定第一个角点或[倒角(C) / 标高(E) / 圆角(F) / 厚度(T) / 宽度(w)]：f

指定矩形的圆角半径<7. 0000>：

指定第一个角点或[倒角(C) / 标高(E) / 圆角(F) / 厚度(T) / 宽度(W)]：0，0

指定另一个角点或[面积(A) / 尺寸(D) / 旋转(R)]：100，68

结果如图 l-41(b)所示。

3．画ϕ40 圆的大圆

输入"画圆"命令：circle 或 C↙(或单击"绘图"工具栏中的"画圆"图标)，则命令行提示如下：

命令：指定圆的圆心或[三点(3P) / 两点(2P) / 相切、相切、半径(T)]：移动光标至中心线交点（需打开捕捉中的交点），出现黄色"×"时，单击

指定圆的半径或[直径(D)]：20↙(或输入 D↙，再输入直径 40↙)

结果如图 l-41(c)所示。

4．画小圆

命令：circle 指定圆的圆心或[三点(3P) / N 点(2P) / 相切、相切、半径(T)]：移动光标至左上角圆弧，其中心处出现蓝色"十"（需打开捕捉中的中心点）时，单击

指定圆的半径或[直径(D)]<20. 0000)：3.5

结果如图 l-41(d)所示。

重复以上步骤，画出其他三个ϕ7 圆，

命令：↙（再按"空格"或 Enter 键，重复画"圆"命令。上一个输入的半径尺寸数据默认为下一个输入的半径尺寸，不需要重复输入 3.5，只要再按"空格"，即可输入同一尺寸。）如图 1-41(e)所示。

完成全图后，若发现细点画线的疏密程度不适合，即线型比例不好，可选中所有细点画线，双击对象或在右键菜单中选择"特性"（即 properties 命令），在弹出对话框中对线型比例进行修改。这步操作也可以在图形输出之前进行，以求出图的最佳效果。事实上，由 AutoCAD 创建的对象均可用此方法进行修改，对于不同的对象系统会弹出不同的对话框。

学习 AutoCAD 就是学习绘图命令，要尽量掌握常用命令的全称与缩写。对于初学者要特别注意观察命令行中的提示，并跟着提示做。与使用菜单和工具栏相比，使用快捷键和命令缩写效率更高。绘图时，一般左手操作键盘，右手操作鼠标。

任务八　用 AutoCAD 绘制密封板平面图形

【任务目标】

本次任务中将介绍 AutoCAD 基本编辑命令的使用方法，这些基本编辑命令包括:复制、镜像、阵列、偏移、移动、旋转、修剪等。通过上述命令的学习，绘制如图 1-42 所示密封板平面图形。

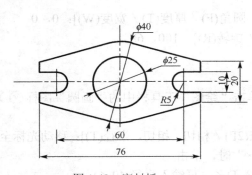

图 1-42　密封板

图 1-43　修改工具栏

【知识链接】

在 AutoCAD 中，单纯地使用绘图命令或绘图工具只能创建出一些基本图形对象，要绘制较为复杂的图形，就必须借助于图形编辑命令。AutoCAD 提供了丰富的图形编辑工具，使用它们可以合理地构造和组织图形，以保证绘图的准确性，简化绘图操作，极大地提高了绘图效率。而在编辑对象前，首先要选择对象。

AutoCAD 中的编辑命令的调用方法有三种，分别是工具栏调用（图 1-43）、修改菜单栏调用和命令调用（在命令提示窗口输入命令）。

一、图形的复制

图形的复制主要是利用现有的对象生成新对象，其命令包括 COPY，MIRROR，OFFSET，ARRAY 等。

1．复制对象

在绘制图形时，需要绘制一个与原对象完全相同的对象，可使用复制对象命令来实现一个或多个与原对象相同的对象。在 AutoCAD 中可以进行多重复制。启动复制对象命令有如下三种方法：

方法一：菜单命令 修改(M) → 复制(Y)。

方法二：工具栏 修改 → ⊘

方法三：命令：（在命令行内输入）COPY✓ →选择对象：（选择要复制的对象用任何一种选择方式选择对象）→指定基点或位移：（指定一点作为复制的基点）→指定位移的第二点或 <用第一点作位移>：（指定复制的第二点，用户还可以继续指定点实现多重复制，复制完成后按回车键结束）

2．镜像

在实际绘图过程中，经常会遇到一些对称的图形。AutoCAD 提供的镜像命令，只需绘制出相对称图形的公共部分，另一部分可镜像复制出来。启动镜像命令有如下三种方法：

方法一：菜单命令 修改(M) → 镜像(I)

方法二：工具栏 修改 → ⚠

方法三：命令：（在命令行内输入）MIRROR✓ →选择对象：（选择要镜像的对象）→指定镜像线的第一点：（指定一点作为镜像线的第一点)→指定镜像线的第二点：（指定一点作为镜像线的第二点）→是否删除源对象?[是(Y) / 否(N)]<N>：（确定是否删除原来所选择的实体）

注：AutoCAD 的默认选项为 N，直接按空格或回车键，可以镜像并保留源对象。如果不需要保留源对象，输入 Y 并按回车键即可。

操作实例：利用镜像命令镜像如图 1-44(a)所示的图形，镜像结果如图 1-44(b)所示。

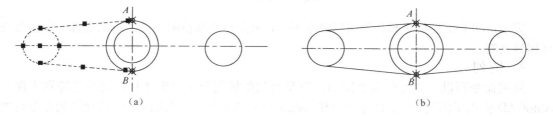

（a）　　　　　　　　　　　　　　　　（b）

图 1-44　镜像命令

步骤：命令：（在命令行内输入）mirror✓ →选择对象：选择图 1-44(a)所示的部分→选择对象：→指定镜像线的第一点：捕捉 A 点→指定镜像线的第二点：捕捉 B 点→是否删除源对象?[是(Y) / 否(N)]<N>：✓

注：镜像命令不仅可以将图形对象镜像，也可以将文字进行镜像，在镜像文字时，通过修改系统变量 MIRRTEXT 可以防止文字反转或倒置。当 MIRRTEXT 设置为 0 时，文字保持原始方向；设置为 1 时，文字方向改变，如图 1-45 所示。

计算机辅助设计（镜像）　　计算机辅助设计（镜像）

计算机辅助设计　　计算机辅助设计（镜像）

MIRRTEXT=1　　　　　　　　MIRRTEXT=0

图 1-45　文字镜像结果

3．偏移

使用偏移命令可以实现平行复制对象。AutoCAD 中，可以偏移的对象包括直线、圆、圆弧、多段线、样条线。启动偏移命令有如下三种方法：

方法一：菜单命令： 修改(M) → 偏移(S)

方法二：工具栏： 修改 → ⬰

方法三：命令：（在命令行内输入）OFFSET✓→指定偏移距离或[通过(T)]<通过>：（输入偏移距离或者输入 T，通过指定两点的偏移对象进行偏移，输入偏移距离后）→选择要偏移对象或<退出>：（选择偏移对象）→指定点以确定偏移所在一侧：（在进行偏移的方向上指定一点，系统完成偏移操作）

操作实例：利用偏移命令偏移如图 1-46(a)所示的图形，结果如图 1-46(b)所示。

步骤：命令：OFFSET✓→指定偏移距离或[通过(T)]<10．0000>：12✓→选择要偏移的对象或<退出>：选择如图 1-46(a)所示的圆→指定点以确定偏移所在一侧：在圆的内侧单击一点→选择要偏移的对象或<退出>：✓→ 重复偏移命令，对其他图形进行偏移操作，结果如图 1-46(b)所示。

(a)   (b)

图 1-46　偏移对象

提示：OFFSET 命令和其他编辑命令不同，只能用直接拾取的方式每次选择一个对象进行偏移复制。

4．阵列

复制命令可以一次复制多个图形，但要复制呈规则分布的实体目标仍不是特别方便。AutoCAD 提供了阵列功能，以便用户快速准确地复制呈规则分布的图形。启动阵列命令有如下三种方法：

方法一:菜单命令： 修改(M) → 阵列(A)...

方法二：工具栏： 修改 → ⊞

方法三：命令：（在命令行内输入）ARRAY✓→执行阵列命令后，系统弹出 阵列 对话框，如图 1-47 所示。在 AutoCAD 中，图形阵列分为矩形阵列和环形阵列两种类型。

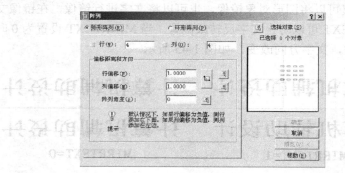

图 1-47　"阵列"对话框

矩形阵列：矩形阵列是按照网格行列的方式进行实体复制的，即必须告诉 AutoCAD 想将实体目标复制成几行、几列，而且行间距、列间距又分别是多少。

操作实例：利用矩形阵列命令阵列如图 1-48（a）所示的圆，阵列结果如图 1-48（b）所示。

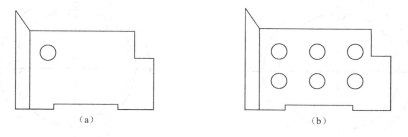

图 1-48　矩形阵列对象

步骤：命令：ARRAY✓→选择对象：选择图 1-48(a)所示的圆✓→选择对象：✓→在对话框内输入如图 1-49 所示，最后选择"确定"。

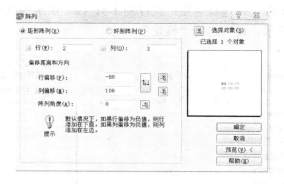

如图 1-49　"阵列"对话框

注：AutoCAD 将矩形阵列设置为系统初始默认方式。执行一次"阵列"命令后，系统会自动将上次阵列方式作为新的默认项。

环形阵列：系统除了产生矩形阵列外，还可以将所选择的目标按圆周等距排列，即环形阵列图形。在对话框中，选中环形阵列单选按钮，这时对话框如图 1-50 所示。

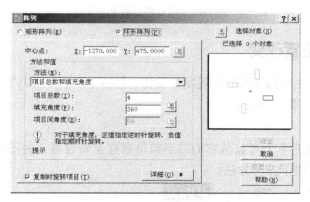

图 1-50　"阵列"对话框中的环形阵列

创建环形阵列时，如果设置的角度值为正值，那么将沿逆时针方向生成环形阵列；如果角度值为负值，那么将沿顺时针方向生成环形阵列。

操作实例：利用环形阵列命令阵列如 1-51(a)所示的圆，阵列结果如图 1-51(b)所示。

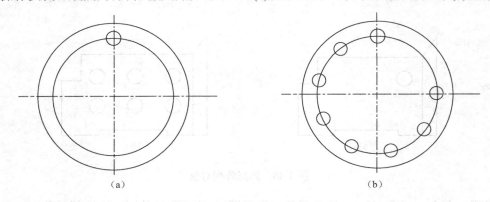

图 1-51　环形阵列对象

步骤：命令：ARRAY✓→选择对象：选择图 1-51（a）所示的圆→选择对象：✓→在对话框内输入如图 1-52 所示，最后选择"确定"。

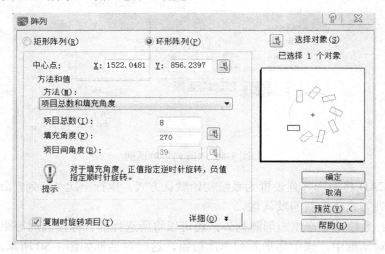

图 1-52　选择环形阵列对象

二、图形的位置改变

图形的位置改变主要指图形的位置发生变化，包括：移动（MOVE）、旋转（ROTATE）、拉伸（STRETCH）的命令。

1. 移动

用于将单个对象或多个对象从它们的当前位置移至新位置，并不改变对象的尺寸和方位。启动移动命令有以下三种方法：

方法一：菜单命令：修改(M)　→　移动(V)

方法二：工具栏：修改　→　✛

方法三：命令：（在命令行内输入）MOVE✓→选择对象：选择移动的目标对象✓→指定基点或位移：指定一点作为移动的基点✓→指定位移的第二点或＜用第一点作位移＞：指定第二点✓。

操作实例：利用移动命令将如图所示的圆，移动到如图所示的位置。

步骤：命令：MOVE✓→选择对象：选择图 1-53（a）所示的两个同心圆✓→选择对象：✓→指定基点或位移：捕捉 A 点✓→指定位移的第二点＜用第一点作位移＞：捕捉 B 点✓。

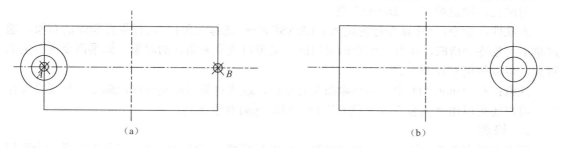

图 1-53　移动对象

2．旋转

用于按一定的角度进行旋转单个或一组对象，并不改变对象的大小。启动旋转命令有如下三种方法：

方法一：菜单命令：修改(M) → 旋转(R)

方法二：工具栏：修改 → ⟳

方法三：命令：（在命令行内输入）ROTATE✓→UCS 当前的正角方向：ANGDIR=逆时针 ANGBASE：O→选择对象：✓→选择要旋转的目标对象：✓→指定基点：指定旋转的基点✓→指定旋转角度或[参照(R)]：（指定要旋转的角度或指定当前参照角度进行旋转）✓

操作实例：利用旋转命令将如图 1-54(a)所示的图形进行旋转，结果如图 1-54(b)所示。

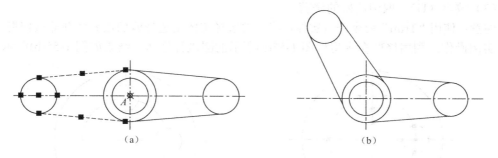

图 1-54　旋转对象

步骤：命令：ROTATE✓→UCS 当前的正角方向：ANGDIR：逆时针 ANGBASE：O→选择对象：选择图 1-54(a)所示的图形✓→选择对象：✓→指定基点：捕捉 A 点✓→指定旋转角度或[参照(R)]：60✓

三、图形的修改

在图形对象的绘制过程中，有时需要对一个实体进行必要的修改。为此，AutoCAD 为用户提供了删除、修剪以及打断等命令。

1．删除

在绘图工作中，经常会产生一些中间阶段的实体，可能是辅助线，也可能是一些错误或没有作用的图形在最终图纸中时出现，为此 AutoCAD 提供了删除命令。启动删除命令有如下三种方法：

方法一：菜单命令：修改(M) → 删除(E)

方法二：工具栏：修改 → ✦

方法三：键盘操作："Delete"键

方法四：命令：（在命令行内输入）ERASE↙ → 选择对象：（选择需要删除的对象，通过单击对象逐个拾取，也可利用矩形窗口或交叉窗口选择需删除的对象。如果需要选取全部对象，可以使用 Ctrl+A）↙

注意：在 AutoCAD 中，用删除命令对象后，这些对象只是临时性地删除，只要没有存盘，用户还可以用"恢复"或"放弃"命令将删除的对象恢复。

2．修剪

用户可以方便快速地利用边界对图形实体进行修剪。该命令要求用户首先定义一个剪切边界，然后再用此边界剪去实体的一部分。启动修剪命令有如下三种方法：

方法一：菜单命令：修改(M) → 修剪(T)

方法二：工具栏：修改 → ✦

方法三：命令：（在命令行内输入）TRIM↙→选择对象：（选择要剪切边界，可连续选多个对象作为边界，选择完后）↙→选择要修剪的对象，或按住 Shift 键选择要延伸的对象，或[投影(P) / 边(E) / 放弃(U)]：（选择要剪切对象的被剪部分，然后按回车键结束修剪命令。或者通过其他选项进行修剪）↙

注：各选项含义如下：

（1）投影（P）：3D编辑中进行实体剪切的不同投影方法选择。

（2）边（E）：设置剪切边界属性。

（3）放弃（U）：取消所做的修剪。

注意：使用"Trim"命令修剪实体，第一次选择实体是选择剪切边界而并非被修剪实体。

实例操作：利用修剪命令将如图 1-55(a)所示的圆进行修剪，结果如图 1-55(b)所示。

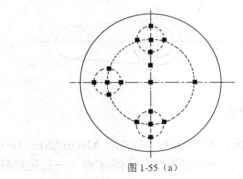

图 1-55（a）

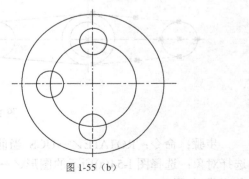

图 1-55（b）

图 1-55　修剪对象

步骤：命令：TRIM↙→选择对象：选择图 1-55(a)所示的圆↙→选择对象：↙→选择要修剪的对象，或按住 Shift 键选择要延伸的对象，或[投影(P) / 边(E) / 放弃(U)]：单击要修剪的对象↙→选择要修剪的对象，或按住 Shift 键选择要延伸的对象，或[投影(P) / 边(E) /

放弃(U)]：↙

3．圆角

用于对两个对象进行圆弧连接，可以对多段线的多个顶点进行圆角处理。启动圆角命令有如下三种方法：

方法一：菜单命令：　修改(M)　→　圆角(F)

方法二：工具栏：修改　→　

方法三：命令：（在命令行内输入）FILLET↙→（执行圆角命令后，AutoCAD提示如下，当前设置：模式=修剪，半径=0. 0000），选择第 1 个对象或[多段线(P) / 半径(R) / 修剪(T) / 多个(U)]：（选择需要进行圆角的对象，或者通过其他选项进行圆角操作）↙

注：各选项含义如下：

（1）多段线（P）：对多段线的每个顶点处进行圆角处理。

（2）半径（R）：输入圆角半径值。

（3）修剪（T）：设置圆角后是否修剪对象。

（4）多个（U）：重复进行圆角操作，直接按回车键结束。

实例操作：利用圆角命令将如图1-56(a)所示的图形进行圆角处理，圆角结果如图1-56(b)所示。

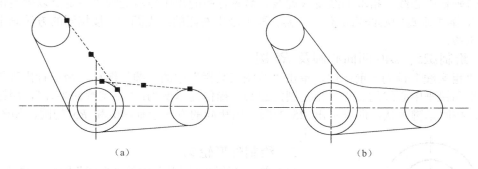

（a）　　　　　　　　　　　　　　　　（b）

图1-56　圆角对象

步骤：命令：FILLET↙→（当前设置：模式=修剪，半径=0. 0000）↙选择第一个对象或[多段线(P) / 半径(R) / 修剪(T) / 多个(U)]：↙→指定圆角半径<0. 0000>：30↙→选择第一个对象或[多段线(P) / 半径(R) / 修剪(T) / 多个(U)]：选择图1-56(a)所示的直线↙→选择第二个对象：选择图1-56(a)所示的另一条直线↙

【任务实施】

一、分析线型

（1）图1-42密封板平面图形主要由直线、圆和圆弧三种轮廓线组成。

（2）该图包含粗实线、细实线和细点画线三种线型。

（3）该图上下对称，左右对称。

二、绘图图形

1．设置图层

图样上有粗实线、细实线和细点画线三种线型，不同线型应设置不同图层。

2．绘制基准线

置"中心线"层为当前层，单击"绘图工具栏"中的"直线"图标，命令行出现操作提示"指定第一点"。单击鼠标左键，指定水平线的第一点。命令行的操作提示变为"指定下一点"，沿水平方向移动鼠标，在命令行中输入 76，按回车键确认，便绘制出一条长 76mm 的水平中心线。

单击"绘图工具栏"中的"直线"图标，命令行出现操作提示："指定第一点"。打开对象捕捉和对象追踪按钮，移动鼠标捕捉水平中心线的中点，变成黄色△后向上移动光标，出现对象追踪射线，在适当位置单击鼠标左键，便指定了垂直中心线的第一点。操作提示变为"指定下一点"，在垂直方向移动鼠标，到一个合适的位置，单击鼠标左键，确定垂直线的第二点。

为确保所绘垂直中心线关于交点对称，左键单击垂直中心线，出现夹持点（两端点和中点），点击中点夹持点，使其变成红色，拖动使其与水平中心线中点重合，再次单击鼠标左键确定，按 Esc 键退出拉伸状态。

3．绘制左右两垂直细点画线

单击"修改工具栏"中的"偏移"图标，命令行中出现操作提示："指定偏移距离"，用键盘输入 30，按同车键确认。操作提示变为："选择要偏移的对象"，同时十字光标变为小方框，单击垂直中心线，拾取的线变成虚线。命令行中的操作提示变为"指定点以确定偏移所在一侧"，单击垂直中心线右侧任意一点，即可画出右侧的细点画线。按相同的方法画出左侧的细点画线。

4．绘制 ϕ25、ϕ40 两同心圆及 R5 圆

将"粗实线"设为当前图层，单击"绘图工具栏"中的"圆"图标，命令行出现提示，单击水平和铅垂中心线的交点来指定圆的圆心。操作提示变为："指定圆的半径"，用键盘输入 12.5，按回车键确认，即可画出 ϕ25 的圆。用相同的方法绘制 ϕ40 和 R5 的圆，如图 1-57 所示。

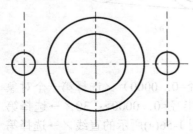

图 1-57　绘制密封板图形——圆

5．绘制外形轮廓

（1）单击"绘图工具栏"中的"直线"图标，并打开"对象捕捉"按钮，捕捉水平中心线右侧端点，单击左键指定为所绘制直线第一点，垂直方向移动鼠标，在命令行中输入尺寸 10，按回车键确定所绘直线长度。

关闭"正交"，移动鼠标捕捉 ϕ40 的切点，单击鼠标左键，得到图形，如图 1-58 所示。

（2）单击"修改工具栏"中的"镜像"图标，系统提示"选择对象"，用鼠标左键拾取两轮廓线，单击鼠标右键结束拾取；系统提示"拾取镜像线的第一点"，单击水平中心线的端点；系统提示"指定镜像线第二点"，单击水平中心线的另一端点，得到图形。用相同的方法，可绘制出整个图形的轮廓，如图 1-59 所示。

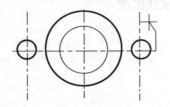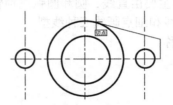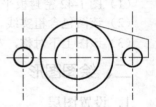

图 1-58　绘制密封板图形——外形轮廓

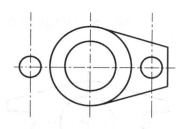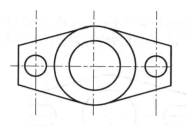

图 1-59　绘制密封板图形——镜像轮廓

6．绘制两侧凹槽的水平粗实线

单击"绘图工具栏"中的"直线"图标，捕捉 $R5$ 圆的象限点确定直线第一点。向右移动鼠标，捕捉与竖直粗实线的垂足确定直线第二点，用相同的方法，绘制其他 3 条水平粗实线，如图 1-60 所示。

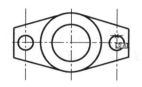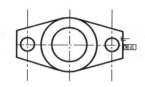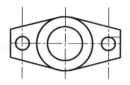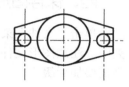

图 1-60　绘制密封板图形——两侧凹槽

三、修改图形

所有的轮廓线都绘制完了，是不是就结束绘图呢?比较原图和现图，会发现绘制的图形有多余的线条，有的线条太长，有的则太短。

1．利用修改工具栏的删除、修改等命令进行修改

以修改左右凹槽的轮廓线为例，单击修改工具栏中的"修剪"图标，系统提示："选择剪切边…选择对象"，同时十字光标变为小四方框。移动小四方框，点击右键选择全部图线作为修剪边，或选择凹槽水平粗实线作为修剪边，当系统提示："选择修剪对象"时，分别单击右侧竖直粗实线和 $R5$ 圆的右侧等多余的线条，修剪结束后单击鼠标右键，结束修剪。对修剪不掉的线段，可以使用删除命令删除，如图 1-61 所示。

2．利用夹持点调整图形细节部分

每个作图对象选择后都有相应的夹持点，如直线为端点和中点、圆为圆心和象限点，多边形为顶点等。夹持点可以用来比较方便地移动、旋转、对齐对象。在 AutoCAD 中，一个图形可能有多种画法，比如除了夹持点也通过"修改工具栏"中的"打断"或"延伸"命令来完成打断或延伸，只有在实践中通过不断练习才能更好地掌握其中的方法和技巧，进而提高作图速度和作图质量。

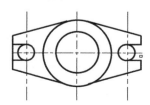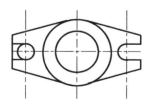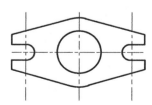

图 1-61　绘制密封板图形——修剪多余轮廓线

如图1-62所示，通过拖动夹持点，对偏长的左右两侧的竖直细点画线和偏短的水平中心线，可以选取线段进行调整，使其与图1-42要求完全一致。

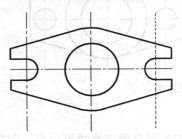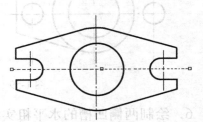

图1-62　绘制密封板图形——调整细节

四、保存图形

单击"文件"菜单中"另存为"命令，将绘制的图形以"密封板"为名存放在指定文件夹中。注意图形文件类型后缀的选择，一般选择图形文件类型".dwg"进行保存，名字后不需要加后缀。

项目二
物体的投影及其三视图

日常生活中，人们看到太阳光或灯光照射物体时，在地面或墙壁上出现物体的影子，这就是一种投影现象。把光线称为投射线(或叫投影线)，地面或墙壁称为投影面，影子称为物体在投影面上的投影。

机械制图中，通常假设视线为一组平行的，且垂直于投影面的投影线，这样在投影面上所得到的正投影称为视图。这个视图只能反映物体的长和高，不反映出物体的宽。因此，一般情况下，一个视图不能完全确定物体的形状和大小。要完整地表达物体的形状，须从多个方向进行投影，得到多个视图，最常见的是用三个视图（简称三视图）。

任务一　绘制物体的正投影图

【任务目标】

在机械设计、生产过程中，需要用图来准确地表达机器和零件的形状和大小，图 2-1 为垫块的立体图。立体图就像照片一样富有立体感，给人以直观的印象，但是它在表达物体时，某些结构的形状发生了变形(梯形变形了)，可见立体图很难准确地表达机件真实形状。如何才能完整准确地表达物体前表面的形状和大小呢？观察发现如果正对着垫块的前表面观察，所看到的图像就能准确地反映垫块前表面的形状和大小。

【知识链接】

大家都知道，物体在光线的照射下会在地面或墙壁上产生影子，人们通过长期观察、实践和研究，找出了光线、形体及其影子之间的关系和规律，投影法就是人们根据这一自然现象总结出

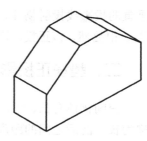

图 2-1　垫块的立体图

来的。

投影法的分类

1．中心投影法

中心投影法：投射线汇交一点的投影法【图2-2（a）】

特点：直观性好、立体感强、可度量性差，常适用于绘制建筑物的透视图。

2．平行投影法

平行投影法：投射线相互平行的投影法。

特点：平行投影法中物体投影的大小，与物体离投影面的远近无关。

分类：按投射线是否垂直于投影面，又分为斜投影法、正投影法。

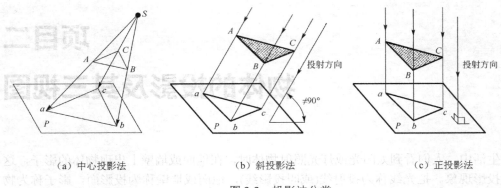

（a）中心投影法　　　　　　　（b）斜投影法　　　　　　　（c）正投影法

图 2-2　投影法分类

（1）斜投影法：投射线与投影面相倾斜的平行投影法。

斜投影（斜投影图）：根据斜投影法所得到的图形【图2-2（b）】

（2）正投影法：投射线与投影面相垂直的平行投影法。

正投影（正投影图）：根据正投影法所得到的图形，反映物体的真实大小【图2-2（c）】。

特点：投射光线间相互平行，透射光线与投影面垂直。

【任务实施】

一、垫块正投影图的形成

如图 2-3 所示把投影面放在正前方，垫块放在人与投影面之间，让互相平行且与投影面垂直的投影线投射物体，就会在投影面上得到正投影图(又称为视图)。很显然，该正投影图能准确地表达物体前表面的形状和大小。

二、垫块正投影图的绘图步骤

空间物体有长、宽、高三个方向，一般把物体左右之间的距离称为长，前后之间的距离称为宽，上下之间的距离称为高。

垫块正投影图的绘图步骤见表 2-1。

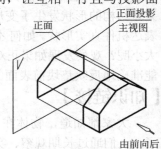

图 2-3　垫块正投影的形成

表 2-1　垫块正投影图的绘图方法与步骤

步　骤	图　例	说　明
1．形体分析	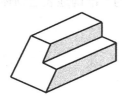	垫块是由长方体上方左右两侧切割而成
2．绘制对称中心线		对称中心线用细点画线绘制
3．绘制长方体外形的投影		测量垫块的尺寸"长"和"高 1"，按 1：1 作图
4．绘制槽口的投影		测量垫块的尺寸"长 2"和"高 2"，按 1：1 作图
5．完成正投影图		擦去多余图线，按标准描深图线 注：轮廓线用粗实线绘制

【实践能力】

正投影图练习，看立体图画平面图。

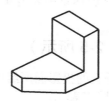
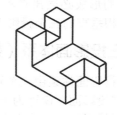

任务二 　绘制垫块的三视图

【任务目标】

　　一个视图只能表达物体一个面的形状，但不能完整地表达物体的全部形状，如物体顶面和侧面的形状则无法反映。因此，要想表达垫块的完整形状，就必须从物体的几个方向进行投射，绘制出几个视图。通常在物体的后面、下面和右面放置三个投影面，从物体的前面、上面和左面进行投射，分别绘出三个视图，如图 2-4 所示。下面绘制垫块的三视图，并分析其方位关系和投影规律。

　　物体向三个投影面投射，分别得到三个视图。想一想，图 2-4 所示的三个投影面分别在什么位置?如何将空间的三个视图表达在一个平面上?

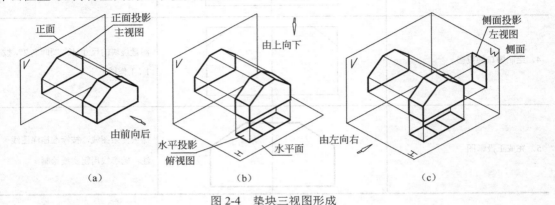

图 2-4 　垫块三视图形成

【知识链接】

　　三视图的形成必须建立在三面投影体系中才能实现，为了准确地表达物体的形状和大小，选取互相垂直的三个投影面。

一、三投影面体系（如图 2-5 所示）

（1）三投影面体系由三个互相垂直的投影面所组成。
① 正立投影面：简称为正面，用 V 表示；
② 水平投影面：简称为水平面，用 H 表示；
③ 侧立投影面：简称为侧面，用 W 表示。

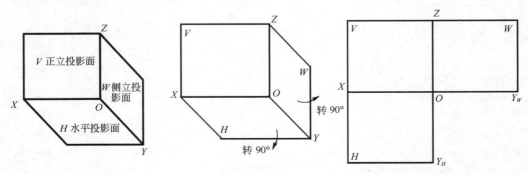

图 2-5 　三投影面体系　　　　　　　图 2-6 　三视图的展开

（2）三个投影面的相互交线，称为投影轴。它们分别是：

① OX 轴：是 V 面和 H 面的交线，它代表长度方向。

② OY 轴：是 H 面和 W 面的交线，它代表宽度方向。

③ OZ 轴：是 V 面和 W 面的交线，它代表高度方向。

（3）三个投影轴垂直相交的交点 O，称为原点 。

二、三视图的形成

1．三视图

主视图：正面投影（由物体的前方向后方投射所得到的视图）

俯视图：水平面投影（由物体的上方向下投射所得到的视图）

左视图：侧面投影（由物体的左方向右方投射所得到的视图）

2．三视图的展开规定

正面保持不动，水平面绕 OX 轴向下旋转 90°，侧面绕 OZ 轴向右旋转 90°（如图 2-6 所示）。

3．三视图之间的对应关系

（1）位置关系（如图 2-7 所示）

主视图在上方，俯视图在主视图的正下方，左视图在左视图的正右方。

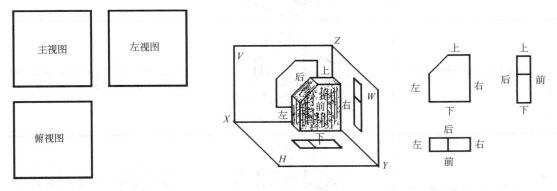

图 2-7　三视图位置关系　　　　　　　　　　图 2-8　三视图方位关系

（2）方位关系（如图 2-8 所示）

主视图反映了物体的上、下、左、右方位。

俯视图反映了物体的前、后、左、右方位。

左视图反映了物体的上、下、前、后方位。

三、三视图的投影关系

1．物体的长、宽、高

通常规定物体左右之间的距离为长度；前后之间的距离为宽度；上下之间的距离为高度。

2．三视图的尺寸关系

一个视图只能反映物体两个方位的大小。主视图反映物体的长度和高度；俯视图反映物体的长度和宽度；左视图反映物体的高度和宽度。

3．三视图的投影规律

主视图与俯视图——长对正（等长）；主视图与左视图——高平齐（等高）；俯视图与左

视图——宽相等（等宽）。长对正、高平齐、宽相等的投影关系是三视图的重要特性，也是画图与读图的依据。

【任务实施】

在三个给定投影面上绘制图 2-4 所示形体三视图，绘图方法和步骤见表 2-2。

表 2-2　三视图的绘图方法和步骤

步　骤	图　例	说　明
1. 在正投影面上绘制长方体的主视图	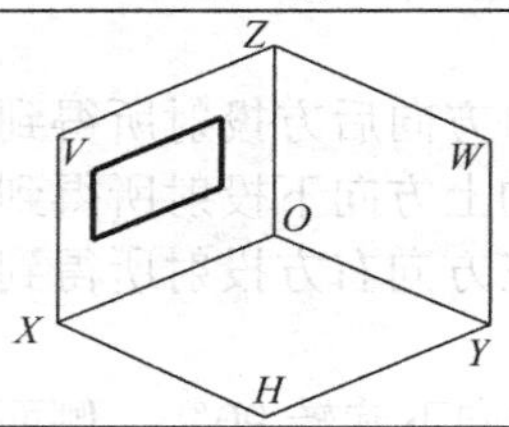	测量长方体的长和高，按 1:1 作图
2. 在水平投影面上绘制长方体的俯视图	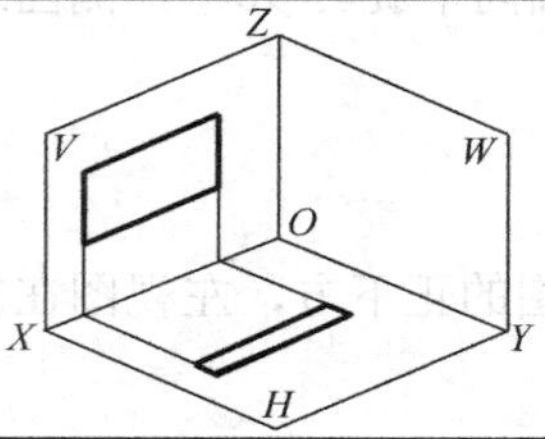	测量长方体的宽，按 1:1 作图 注意:使主视图与俯视图上下对齐
3. 在侧投影面上绘制长方体的左视图	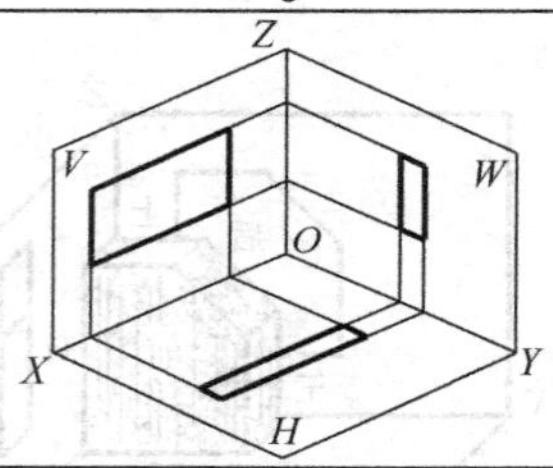	注意:使主视图与左视图同高，使俯视图和左视图到 Y 轴的连线对齐
4. 在三视图上绘制梯形两侧切肩	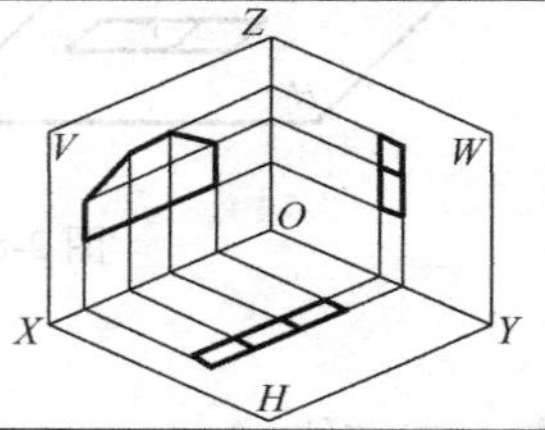	测量两侧的长度和深度，按 1:1 作图，两侧在主视图和俯视图上的连线要对齐，矩形切口在主视图和左视图上的连线要对齐
5. 将三投影面体系展开	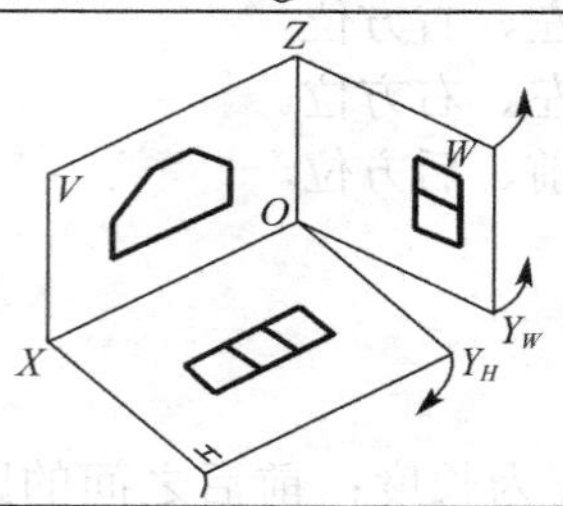	将水平投影和侧投影沿着 Y 轴拆开，水平投影面绕着 X 轴向下旋转 90°，侧投影面绕着 Z 轴向右旋转 90°，展开成一个平面
6. 垫块的三视图	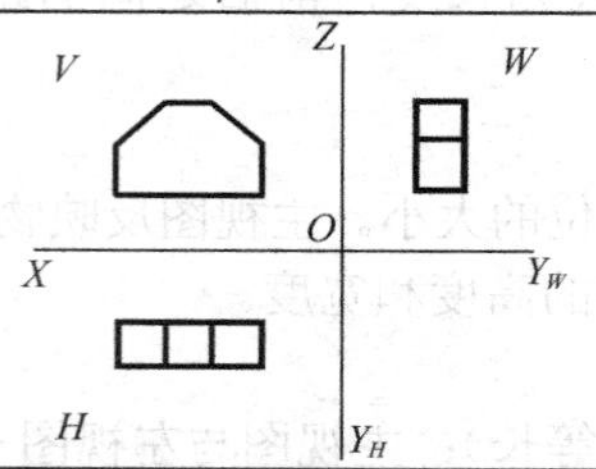	即为垫块三视图

54

【实践能力】

一、看简单的立体图画三视图，尺寸自定，取整数

（1）画 U 形块的三视图

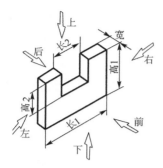

（2）画弯板的三视图

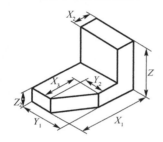

（3）画叠加长方块的三视图

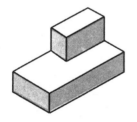

（4）画支承板的三视图

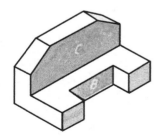

二、根据给定的两面视图补画第三视图

（1）补画俯视图

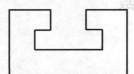

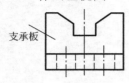

（2）补画左视图

支承板

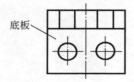

底板

三、如何补画三视图中的漏线

（1）补画俯、左视图中的漏线

（2）补画俯、左视图中的漏线

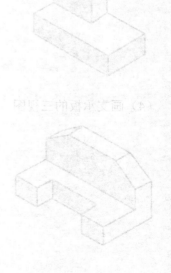

机械制图与 CAD 绘图（基础篇）

任务三　绘制正六棱柱的三视图

【任务目标】

正六棱柱的结构如图 2-9 所示，它由顶面、底面和 6 个侧面组成。其顶面和底面为正六边形，6 个侧面均为矩形，两侧面间的交线(即棱线)互相平行。若正六棱柱的正六边形顶面的外接圆直径为 $\phi16$ mm，六棱柱高为 8 mm，将其按图 2-9 所示位置投影，绘制其三视图，分析投影特性，并在三视图上标注尺寸。

图示的正六棱柱的顶面和底面为水平面，前、后两侧面为正平面，其余 4 个侧面为铅垂面。

想一想，绘制该正六棱柱的三视图时，应该先绘制哪个视图?图示正六棱柱的主视图有 3 个矩形线框，为何其左视图则只有 2 个矩形线框?它们各是哪些面的投影?确定正六棱柱的大小需要几个尺寸?

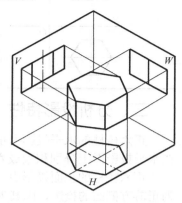

图 2-9　正六棱柱

【任务实施】

一、绘制正六棱柱的三视图

正六棱柱三视图的绘图方法和步骤见表 2-3。

表 2-3　正六棱柱三视图的绘图方法与步骤

图　例	步骤与说明
	1. 绘制投影轴 2. 在水平投影面上绘制中心线，并绘制直径为 $\phi16$mm 的圆 3. 绘制圆的内接正六边形，该六边形即六棱柱的俯视图
	4. 按照"长对正"的投影规律绘制主视图，作图时取高度为 8mm
	5. 按照"高平齐，宽相等"的投影规律绘制左视图

图 例	步骤与说明
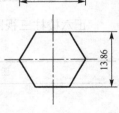	6. 擦去多余图线，按线型描深图线

二、分析投影特性

正六棱柱的水平投影为正六边形，为正六棱柱顶面和底面的投影。正六棱柱的六个侧面在水平投影面上分别积聚成六条直线。

正六棱柱的正面投影由三个矩形拼成，它们分别为前面三个侧面的投影。中间的大矩形为正前方侧面的投影，因其为正平面，故正面投影反映实形。主视图上两边的矩形为前方左、右两侧面的投影，因为它们都是铅垂面，故正面投影为原实形的类似形。主视图上的上、下两条横线是顶面和底面的投影。六棱柱后半部分的投影与前半部分重合。

正六棱柱的侧面投影由两个矩形拼合而成，它们分别为左侧两个侧面的投影，它们皆为原实形的类似形。前后两个侧面在左视图上分别积聚为前、后两条竖线，顶面和底面分别积聚为上、下两条横线。

三、标注尺寸

确定正六棱柱的大小需要两个尺寸，一个是正六棱柱的高，另一个是确定正六棱柱底面的尺寸，如图2-10所示。从理论上讲，底面的尺寸可以标正六边形外接圆的直径，也可以标对边距。在实际标注尺寸时，一般两个尺寸都标注，并且将外接圆的直径尺寸数字加括号，机械图样中的这种尺寸称为参考尺寸。

图 2-10　标注尺寸

【实践能力】

绘制六棱柱三视图。

任务四　绘制四棱锥的三视图

【任务目标】

四棱锥的结构如图2-11所示，它由一个底面和4个侧面组成。它的底面为四边形，4个侧面均为等腰三角形，两侧面间的交线(即棱线)相交为一点。若四棱锥的底面为长20mm、宽18mm的矩形，锥高为15 mm，按图2-11所示位置投影，绘制其三视图，分析投影特性，并在三视图上标注尺寸。

四棱锥的底面为水平面，前后两侧面为侧垂面，左右两个侧面为正垂面。想一想，绘制该四棱锥的三视图时，应该先绘制哪个视图?图示四棱锥的左视图为何只有一个三角形?俯视图为何有4个三角形?确定四棱锥的大小需要几个尺寸?

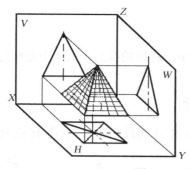

图 2-11　四棱锥

【任务实施】

一、绘制四棱锥的三视图

四棱锥三视图的绘图步骤与方法见表 2-4。

表 2-4　四棱锥三视图的绘图步骤与方法

图　　例	步骤与说明
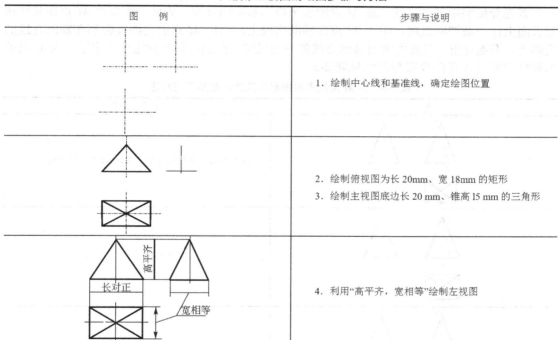	1. 绘制中心线和基准线，确定绘图位置
	2. 绘制俯视图为长 20mm、宽 18mm 的矩形 3. 绘制主视图底边长 20 mm、锥高 15 mm 的三角形
	4. 利用"高平齐，宽相等"绘制左视图

二、分析投影特性

四棱锥的底面为水平面，其水平投影为反映真实大小的矩形，正面投影和侧面投影为横线。左、右两侧面为正垂面，其正面投影为一条斜线，其余两面投影皆为类似三角形。前后两侧面为侧垂面，其侧面投影为一条斜线，其余两面投影皆为类似三角形。四条棱线为一般位置线，三面投影皆为缩短的斜线。

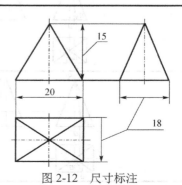

图 2-12　尺寸标注

三、标注尺寸

确定四棱锥的大小需要三个尺寸，一个是四棱锥的锥高，另一个是确定四棱锥的底面矩形的尺寸(长和宽)，尺寸标注如图 2-12 所示。

四、求作四棱锥表面上点的投影

如图 2-13 所示，已知四棱锥表面上 M 点的正面投影 m′，求作 M 点的其他两面投影。

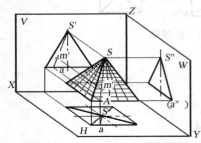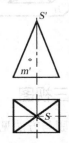

图 2-13　四棱锥表面上点的投影

首先介绍利用辅助直线法求 M 点的水平投影和侧面投影。为此，可以过 M 点在其所在的表面上作一条辅助直线，由于 M 点在辅助直线上，所以 M 点的三面投影都在辅助直线的投影上。不难看出，只要能求出辅助直线的三面投影，点的投影就肯定能作出了。求 M 点的未知投影的具体作图步骤与方法见表 2-5。

表 2-5　求 M 点的未知投影的具体作图步骤与方法

图　例	步骤与说明
	1. 过点 M 作一条辅助线 SA，作出 SA 的正面投影
	2. 求作出 SA 的水平面投影
	3. 过 m′向水平投影面作竖线，与的交点即 m
	4. 过 m′作水平线得到交点 m″

【实践能力】

1. 求三棱锥的三面投影及点 A 的三面投影。

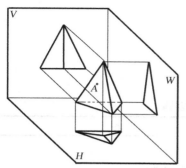

2. 用一平行于底面的平面截四棱锥，得四棱台，其投影如何呢？

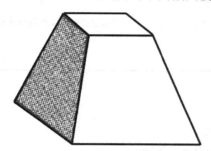

任务五　绘制圆柱的三视图

【任务目标】

如图 2-14 所示圆柱体的底面直径为 $\phi 18$ mm，圆柱高为 20 mm，绘制其三视图，分析投影特性，并在三视图上标注尺寸。

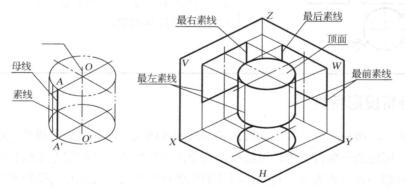

图 2-14　圆柱的投影

如图 2-14 所示，圆柱体由一个圆柱面、圆形的顶面和底面组成。圆柱面可看作是一条直线(母线)绕着与它平行的一条轴线旋转一周形成的，母线在任一位置时称为素线。该圆柱面上有四条特殊位置的素线，分别称为最前素线、最后素线、最左素线、最右素线。圆柱的顶面和底面为水平面，圆柱面的轴线垂直于水平投影面。 想一想，绘制该圆柱的三视图时，应该先绘制哪个视图?圆柱面的水平投影有何特性?确定圆柱的大小需要几个尺寸?

【任务实施】

一、绘制圆柱的三视图

圆柱三视图的具体画图步骤见表 2-6。

表 2-6　圆柱三视图的具体画图步骤

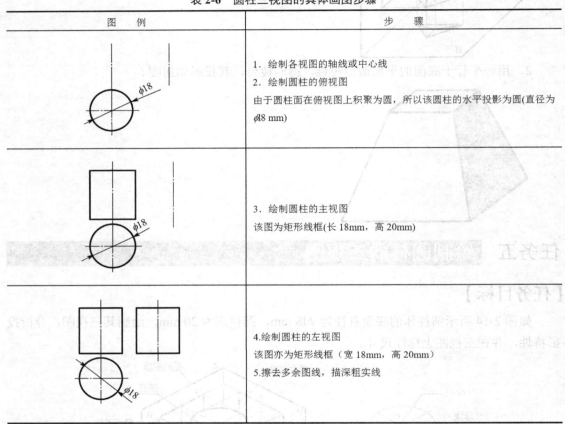

图　例	步　骤
	1．绘制各视图的轴线或中心线 2．绘制圆柱的俯视图 由于圆柱面在俯视图上积聚为圆，所以该圆柱的水平投影为圆(直径为 ϕ18 mm)
	3．绘制圆柱的主视图 该图为矩形线框(长 18mm，高 20mm)
	4.绘制圆柱的左视图 该图亦为矩形线框（宽 18mm，高 20mm） 5.擦去多余图线，描深粗实线

二、分析投影特性

在表 2-6 中，圆柱的水平投影为圆，圆围成的区域为顶面和底面的投影，圆周为圆柱面的积聚投影；圆柱的正面投影为矩形线框，其中两条竖线为圆柱面最左素线和最右素线的投影，两横线分别为顶面和底面的投影；圆柱的侧面投影为与主视图相同的矩形线框，两条竖线为圆柱面最前素线和最后素线的投影。

三、标注尺寸

确定圆柱体的大小需要两个尺寸，一个是圆柱体的高，另一个是圆柱体的底圆直径，尺寸标注如图 2-15 所示。

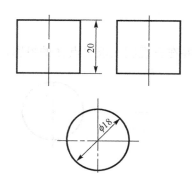

图 2-15 标注圆柱体的尺寸

四、求圆柱表面上点的投影

已知圆柱表面上点 A 的正面投影 a' 和点 B 的侧面投影 b''，下面求作其另外两面投影。由于该圆柱表面的水平投影具有积聚性，所以在求作点 A 和点 B 的未知投影时，应利用圆柱面在水平投影面上有积聚性和点的投影规律两个条件，先求出点的水平投影，然后再求作其他投影。具体作图步骤与方法见表 2-7。

表 2-7 圆柱表面上点投影的作图步骤与方法

步 骤	图 例
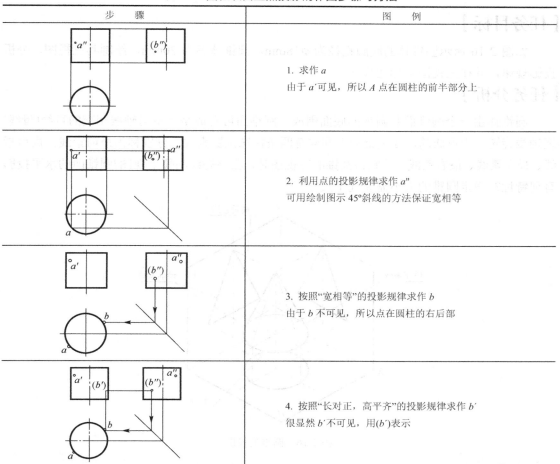	1. 求作 a 由于 a' 可见，所以 A 点在圆柱的前半部分上
	2. 利用点的投影规律求作 a'' 可用绘制图示 45° 斜线的方法保证宽相等
	3. 按照"宽相等"的投影规律求作 b 由于 b 不可见，所以点在圆柱的右后部
	4. 按照"长对正，高平齐"的投影规律求作 b' 很显然 b' 不可见，用 (b') 表示

【实践能力】

根据左视图补全三视图，并在三视图上求出点 A 的投影。

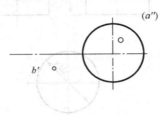

任务六　绘制圆锥的三视图

【任务目标】

如图 2-16 所示圆锥体的底圆直径为 $\phi18$mm，圆锥体高为 20mm，绘制其三视图，分析投影规律，并在三视图上标注尺寸。

【任务分析】

圆锥体由一个圆锥面和圆形的底面围成。圆锥面可看成是一条与轴线相交的直线(母线)绕轴线旋转一周形成的，在圆锥面上同样有四条特殊位置素线，分别称为最前素线、最后素线、最左素线、最右素线。绘制该圆锥的三视图时，应该先绘制哪个视图?圆锥面的水平投影有何特性? 确定圆锥的大小需要几个尺寸?

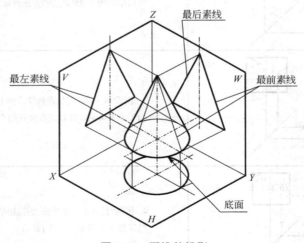

图 2-16　圆锥的投影

【任务实施】

一、绘制圆锥的三视图

圆锥三视图的作图步骤与方法见表 2-8。

表 2-8　圆锥三视图的作图步骤与方法

步　骤	图　例
	1. 绘制各视图的轴线或中心线 2. 绘制圆锥的俯视图(直径 φ18mm)
	3. 绘制圆锥的主视图（高 20 mm，底边长 18 mm） 4. 绘制圆锥的左视图(形状与主视图相同)

二、分析投影特性

表 2-8 中，圆锥体的水平投影为圆，圆围成的区域既是圆锥面的投影，也是底面的投影。正面投影为等腰三角形，其中两腰为圆锥面最左素线和最右素线的投影，下面的横线为底面的投影。侧面投影为与正面投影相同的等腰三角形，两腰为圆锥面最前素线和最后素线的投影。

三、标注尺寸

确定圆锥体的大小需要两个尺寸，一个是圆锥体的高，另一个是圆锥体的底圆直径，尺寸标注如图 2-17 所示。

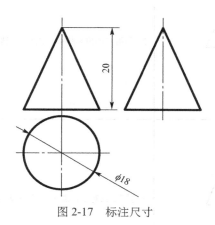

图 2-17　标注尺寸

四、求圆锥表面上点的投影

如图 2-18 所示，已知圆锥表面上点 A 的正面投影 a'，求作其另外两个投影。由于该圆锥表面的任何投影都没有积聚性，所以不能用求圆柱表面上点的投影的方法求圆锥表面上点的投影。因此，应考虑借鉴求一般位置平面上点的投影的方法，在圆锥面上作过 A 点的辅助素线 SK，如图 2-18（b）所示，则 A 点的三面投影在辅助素线 SK 的三面投影上。具体作图步骤与方法见表 2-9。

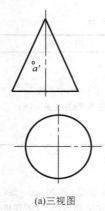
(a)三视图

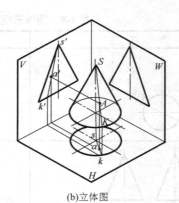
(b)立体图

图 2-18　圆锥表面上点的投影

表 2-9　圆锥表面上点的投影作图步骤与方法

步　骤	图　例
	1. 用辅助圆法求 A 点的投影，过 a' 作水平辅助线，求取半径 R，在俯视图内作半径为 R 的辅助圆
	2. 利用点的投影规律，求点的投影 a，a 点的投影在辅助圆上
	3. 按照"长对正，高平齐"的投影规律求作 a''

【实践能力】

在三视图上求出点 B 和点 C 其他两面的投影。

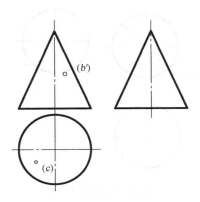

任务七　绘制球的三视图

【任务目标】

如图 2-19 所示，球体的直径为 $\phi15$ mm，绘制其三视图，分析投影规律，并在三视图上标注尺寸。

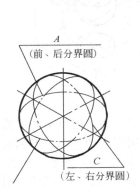
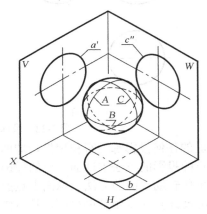

图 2-19　球的投影

球面可看成是一个半圆（母线）绕通过圆心的轴线旋转一周形成的，在球面上有三个特殊位置的素线圆，分别是前、后、左、右、上、下半球分界圆。球的任何投影都是圆。

【任务实施】

一、绘制球的三视图

如图 2-20 所示，三面投影皆为直径为 $\phi15$ 的圆。球三视图的投影特性为：三面投影分别为三个特殊位置素线圆的投影，其中正投影为前、后半球分界圆的投影；水平投影为上、下半球分界圆的投影；侧面投影为左、右半球分界圆的投影。

二、标注尺寸

国家标准规定，在尺寸数字前加注"$S\phi$"或"SR"表示球的直径或半径，如图2-21所示。

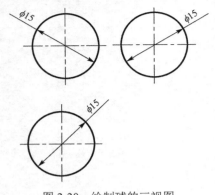

图2-20 绘制球的三视图

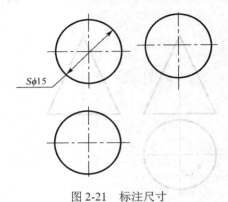

图2-21 标注尺寸

三、求球面上点的投影

如图2-22所示，已知球面上点A的正面投影a'，求作其另外两个投影。

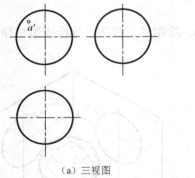

（a）三视图

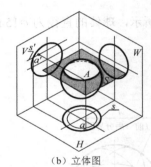

（b）立体图

图2-22 求球面上点的投影

由于球面的任何投影都没有积聚性，球面的素线也不是直线，所以不能用前面求圆柱和圆锥表面上点的投影的方法求球面上点的投影。但是如果用平面切割球，得到的交线是圆。因此，可以用作辅助平面的方法求球面上点的投影。如图2-22（b）所示，在求作点A的未知投影时，过A点作水平辅助平面，具体作图步骤与方法见表2-10。这种利用辅助平面求点的投影的方法称为辅助平面法。

表2-10 球面上点的投影作图步骤与方法

步　骤	图　例
1. 过a'作水平面辅助平面，它与球的交线圆为水平圆s'	

续表

步 骤	图 例
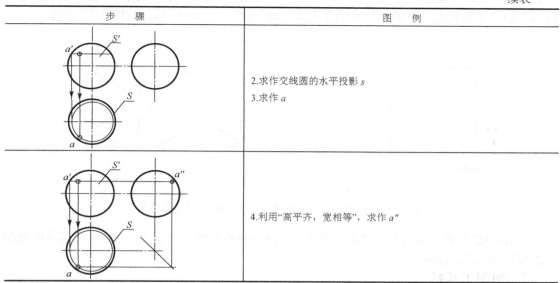	2.求作交线圆的水平投影 s 3.求作 a
	4.利用"高平齐，宽相等"，求作 a″

【实践能力】

在三视图上求出点 B 和点 C 其他两面的投影。

任务八　用 AutoCAD 绘制基本体三维实体图

【任务目标】

掌握长方体、球体、圆柱体、圆锥体、楔体及圆环体等基本实体的结构特点，学会绘制它们的三维实体，并利用三维动态观察和视图命令，观察基本体的不同方向投影结构。

【知识链接】

一、三维物体的观测

1．视图观测点

视图观测点(视点)是指观察图形的方向。在绘制三维图形过程中，常常要从不同方向观察图形，AutoCAD 默认视图是 XY 平面，方向为 Z 轴的正方向，看不到物体的高度。例如，绘制正方体时，如果使用平面坐标系即 Z 轴垂直于屏幕，此时仅能看到物体在 XY 平面上的投影。如果调整视点至当前坐标系的左上方，将看到一个三维物体，如图2-23所示。

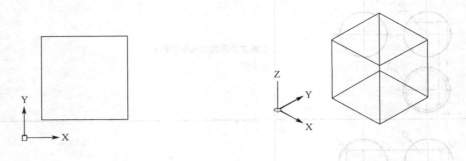

图2-23　正方体在平面坐标系和三维视图中显示的效果

AutoCAD提供了多种创建3D视图的方法沿不同的方向观察模型，比较常用的是用视图观察模型和三维动态旋转方法。

2. 视图工具栏

视图工具栏中有六个不同方向的基本视图，以及从四个不同方向的等轴测视图的命令图标，如图2-24所示。对初学者一般建议采用西南等轴测视图，以保证和制图基本规定一致。

图2-24　视图工具栏

3. 三维动态观察器

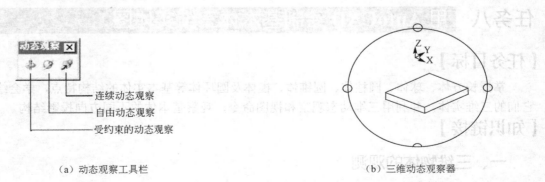

（a）动态观察工具栏　　　　　　　　　　　　（b）三维动态观察器

图2-25　动态观察工具栏和三维动态观察器

单击"动态观察器"工具栏[图2-25（a）]上的"自由动态观察"按钮，激活三维动态观察器视图[图2-25（b）]，屏幕上出现弧线圈，当光标移至弧线圈内、外和四个控制点上时，会出现不同的光标形式：

　　光标位于观察球内时，拖动鼠标可旋转对象。

　　光标位于观察球外时，拖动鼠标可使对象绕通过观察球中心且垂直于屏幕的轴转动。

　　光标位于观察球上下小圆时，拖动鼠标可使视图绕通过观察球中心的水平轴旋转。

　　光标位于观察球左右小圆时，拖动鼠标可使视图绕通过观察球中心的垂直轴旋转。

二、视觉样式

在三维实体绘图过程中，为了使实体对象看起来更加清晰，可以使用"视图"｜"视觉样式"命令中的子命令或"视觉样式"工具栏来观察对象，创建更加逼真的模型图像。其中包括二维线框、三维线框、三维隐藏、概念视觉等类型。大家可以通过图2-26比较不同视觉效果。

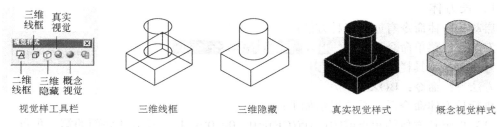

图2-26　视觉样式

【任务实施】

一、启动程序

双击桌面上的 AutoCAD 程序图标或在开始菜单中单击"所有程序"｜"Autodesk"｜"AutoCAD"，启动程序。

二、设置三维作图环境

单击"文件"｜"新建"命令，在弹出的"选择样板"对话框中选用"模板1"，单击"打开"按钮。

单击"工具"｜"工作空间"命令，在弹出的对话框中选用"三维建模"选项。会自动弹出集成在一起的三维制作控制台、三维导航控制台、视觉样式控制台、材质控制台、渲染控制台等集成控制台。也可以在 CAD 经典模式下，调入"建模"、"实体编辑"、"视图"、"视觉样式"等工具栏。

三、绘制基本三维实体

切换到西南等轴测模式。使用"绘图"｜"建模"子菜单中的命令，或使用"建模"工具栏，可以很容易地绘制长方体、球体、圆柱体、圆锥体、楔体及圆环体等基本实体模型，如图2-27所示。在 AutoCAD2005 及以前版本中，建模命令又翻译为"实体"。

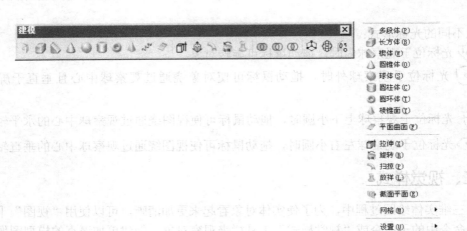

图 2-27　建模工具栏

1．长方体

启动长方体命令有如下三种方法：

方法一：菜单命令：绘图(D) → 建模(M) → 长方体(B)

方法二：工具栏：实体 →

方法三：命令：BOX

执行长方体命令后，系统提示如下：

（1）指定长方体的角点或[中心点(CE)]<0，0，0>：指定长方体底面的第一角点。

（2）指定角点或[立方体(C) / 长度(L)]：指定第二角点。

（3）指定高度：输入长方体的高度。

上面提示中选项含义如下：

（1）中心点：以中心点位置作为基准创建长方体。

（2）立方体：用于绘制立方体。

（3）长度：用于通过指定长、宽、高绘制长方体。

注意：用 BOX 命令绘制出的长方体分别平行于 X，Y，Z 轴。输入长方体的长、宽、高，数值可正可负，正值表示与坐标轴正方向相同，负值表示与正方向相反。绘制长方体并通过三维视图观察器进行观察，如图 2-28 所示。

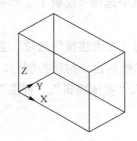
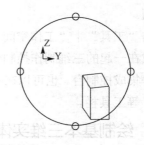

图 2-28　长方体的绘制和不同方位的观察效果

2．球体

启动球体命令有如下三种方法：

方法一：菜单命令：绘图(D) → 建模(M) → 球体(S)

方法二：工具栏： 建模(M) → ⬤

方法三：SPHERE

执行球体命令后，系统提示如下：

（1）指定球体球心<0，0，0>：指定球体的球心。

（2）指定球体半径或[直径(D)]：输入半径或直径值指定球体的大小。

提示：可以通过 ISOLINES 命令指定对象上每个面的轮廓线数目，如图 2-29 所示的 ISOLINES=4 和 ISOLINES=20 的不同球体效果。

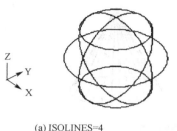

(a) ISOLINES=4   (b) ISOLINES=20

图 2-29　改变系统变量 ISOLINES 的球体显示

3．圆柱体

启动圆柱体命令有如下三种方法：

方法一：菜单命令： 绘图(D) → 建模(M) → 圆柱体(C)

方法二：工具栏： 建模(M) 实体 → 🛢

方法三：命令：CYLINDER

执行圆柱体命令后，系统提示如下：

（1）指定圆柱体底面的中心点或[椭圆(E)]<0，0，0>：指定一点作为圆柱底面中心点。

（2）指定圆柱体底面的半径或[直径(D)]：输入圆柱体底面半径或直径值。

（3）指定圆柱体高度或[另一个圆心(C)]：输入圆柱体的高度。

上面提示中选项含义如下：

（1）椭圆(E)：用于生成椭圆柱体。它的底面椭圆由其长轴和短轴确定，和绘制圆柱体类似。如图 2-30 所示。

（2）另一个圆心(C)：通过指定两端中心位置来创建圆柱体和椭圆柱体。

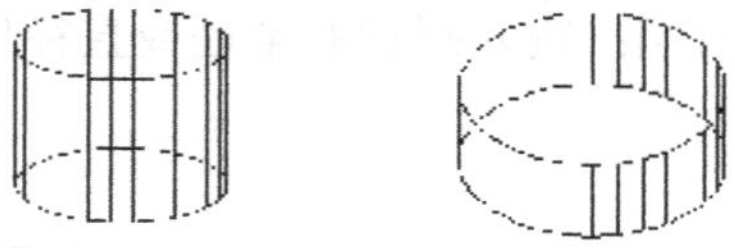

图 2-30　圆柱体和椭圆柱体的绘制

4．圆锥体

启动圆锥体命令有如下 3 种方法：

方法一：菜单命令： 绘图(D) → 建模(M) → 圆锥体(O)

方法二：工具栏： 建模(M) → 🔺

方法三：命令：CONE

执行圆锥体命令后，系统提示如下：

（1）指定圆锥体底面的中心点或[椭圆(E)]<0，0，0>：指定一点作为圆锥底面中心点。

（2）指定圆锥体底面的半径或[直径(D)]：输入底面的半径或直径值。

（3）指定圆锥体高度或[顶点(A)]：确定圆锥体的高度。

上面提示中选项含义如下：

（1）椭圆(E)：用于绘制椭圆锥体，方法与绘制椭圆柱体类似。

（2）顶点(A)：通过指定锥顶位置绘制圆锥体。如图 2-31 所示。

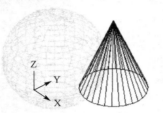

图 2-31　圆锥体和椭圆锥体的绘制

5．楔体

启动楔体命令有如下三种方法：

方法一：菜单命令：绘图(D) → 建模(M) → 楔体(W)

方法二：工具栏：建模(M) → ▱

方法三：命令：WEDGE

楔体实际上是长方体的一半，其绘制方法与长方体类似，在此不再重复。如图 2-32 所示。

6．圆环体

启动圆环体命令有如下 3 种方法：

方法一：菜单命令：绘图(D) → 建模(M) → 圆环体(T)

方法二：工具栏：建模(M) → ◎

方法三：命令：TORUS

执行圆环体命令后，系统提示如下：

（1）指定圆环体中心<0，0，0>：指定圆环体的中心点。

（2）指定圆环体半径或[直径(D)]：输入圆环体内环的半径或直径值。

（3）指定圆管半径或[直径(D)]：输入圆管的半径或直径值。如图 2-33 所示。

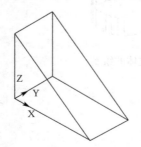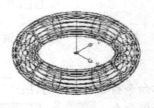

图 2-32　长方楔体的绘制　　　　图 2-33　圆环体的绘制

任务九　用 AutoCAD 绘制简单形体的三视图

【任务目标】

掌握初步构造线、射线的画法，能合理利用临时追踪点进行对象追踪作图，对三视图的画法能初步掌握，最终完成如图 2-34 所示的简单形体的三视图。

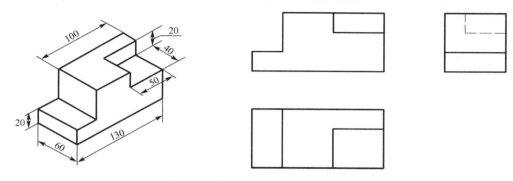

图 2-34　简单形体的轴测图及三视图

【知识链接】

机械工程图样是用一组视图，采用适当的表达方法表示机器零件的内外结构形状，视图的绘制必须符合投影规律。三视图是机械图样中最基本的图形，是将物体放在三投影面体系中，分别向三个投影面投射所得到的图形，即主视图、俯视图、左视图。将三投影面体系展开在一个平面内，三视图之间应满足三等关系，即"主俯视图长对正，主左视图高平齐，俯左视图宽相等"，三等关系这个重要特性是绘图和读图的依据。

利用对象捕捉和对象追踪功能并结合极轴、正交等绘图辅助工具，比较容易保证三视图之间的"长对正"与"高平齐"，对"宽相等"可利用复制旋转、偏移等或作图辅助线来保证俯视图与左视图之间的相等关系。

对初学者，建议绘制三视图前，先建立一个辅助图层，图层中应用系统提供的一些命令绘制辅助线，再回到作图层中作图，绘制完后可将辅助图层隐藏、冻结甚至删除，这样既不影响图形清晰，也不影响图形的输出。熟练后用户可以灵活运用这两种方法，保证图形的准确性。同时还要根据物体的结构特点，对视图中的对称图形、重复要素等，灵活运用镜像、复制、阵列等编辑命令，提高绘图的效率。

一、利用构造线绘制投影轴

"构造线"命令可以绘制通过给定点的双向无限长直线。

调用方式：

菜单：执行"绘图"｜"构造线"命令

图标：单击"绘图"工具栏中的／图标按钮

键盘命令：XLINE(或 XL)

操作步骤如下：

命令：xline 调用"构造线"命令。

指定点或[水平(H)／垂直(V)／角度(A)／二等分(B)／偏移(O)]：

输入 H 或 V，选择水平或垂直绘制构造线。

指定通过点：选择合适的定点方式指定构造线经过的点。

指定通过点：按回车或空格结束命令如图 2-35 所示。

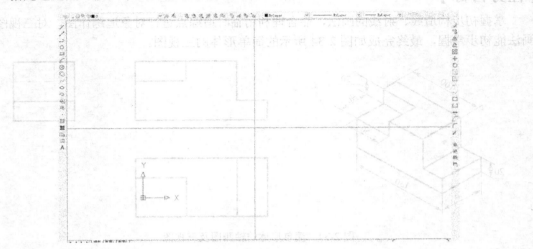

图 2-35　构造线的画法

二、利用射线绘制 45° 辅助线

"射线"命令可以绘制以指定点为起点的单向无限长的直线。

调用命令的方式：

菜单：执行"绘图"｜"射线"命令

键盘命令：RAY

操作步骤如下：

命令：ray 指定起点：调用"射线"命令。

指定通过点：选择水平与垂直构造线的交点作为指定射线的起点。

指定通过点：移动光标，当屏幕上的射线角度为 315° 时，按回车或空格。

指定通过点：结束命令，如图 2-36 所示。

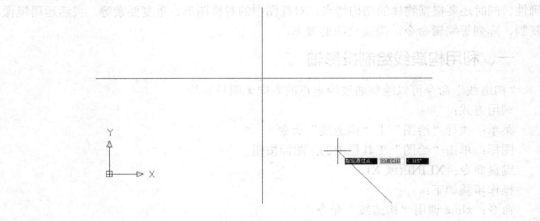

图 2-36　射线的画法

76

【任务实施】

一、设置绘图环境。

（1）单击"新建"按钮，在"创建新图形"对话框中，选择"默认设置"为"公制"。

（2）利用"图层"命令，创建"粗实线"层，设置颜色为绿色，线型为 Continuous，线宽为 0.3mm；"细点画线"层，设置颜色为红色，线型 Center；"虚线"层，设置颜色为黄色，线型为 Hidden；"辅助线"层，设置颜色为白色，线型为 Continuous。将"粗实线"层设置为当前层。

二、绘制三视图

1．绘制主视图轮廓

（1）在状态行上依次单击"极轴"、"对象捕捉"和"对象追踪"、"线宽"按钮。

（2）选择粗实线层。根据轴测图尺寸，执行"绘图"｜"直线"命令，在主视图区域适当位置选择起点，按按顺时针或逆时针方向绘制一系列连续的线段，完成主视图的封闭轮廓。注意：通过极轴追踪指定直线方向后，直接输入线段长度数值可较快完成直线段作图。如图2-37 所示。

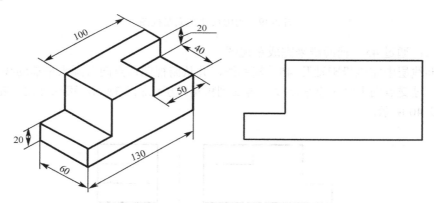

图 2-37　简单形体的主视图轮廓

（3）继续"绘图"｜"直线"命令，命令行出现"line 指定直线第一点"提示后，打开对象捕捉工具栏，点击"临时追踪点" ⊶ 图标，命令行出现"指定第一点：tt 指定临时对象追踪点："提示后，设置主视图右上角顶点 A 为临时追踪点，向左 50 回车，便可以 B 点为直线起点，向下 20，回车，画出直线 BC，向右捕捉垂足 D，画出直线 CD，完成主视图，如图 2-38 所示。

临时追踪点

图 2-38　利用临时追踪点帮助绘图

2．绘制俯视图

按照"主俯视图长对正"的要求，俯视图位置应画在主视图正下方，其中竖线应捕捉主视图上相应交点后画出，其余方法同主视图。

3．绘制左视图

按照"主左视图高平齐，俯左视图宽相等"的要求，左视图画在主视图正右方，其中利用对象捕捉和对象追踪，容易满足高半齐。宽相等有以下几种方法来保证。

方法一：左视图可以按照相应高度尺寸(或通过对象追踪来保证高度)和宽度尺寸，直接绘制。其中虚线应在虚线层中绘图，如图 2-39 所示。

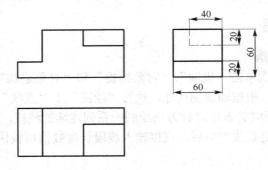

图 2-39　利用尺寸完成左视图

方法二：通过 45°辅助线来完成左视图。

在辅助线层中完成投影轴及 45°辅助线，并从俯视图顶点向右画水平辅助线与 45°辅助线相交，过交点向上画垂直辅助线，再回到粗实线层绘制左视图，可保证俯、左视图宽相等，如图 2-40 所示。

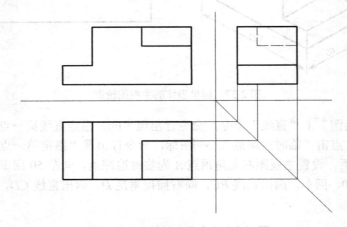

图 2-40　通过辅助线来完成左视图

方法三：使用偏移命令来保证宽相等。

根据高平齐，先画出左视图的基准线 L_1，执行"编辑"｜"偏移"命令，命令行出现"指定偏移距离或[通过(T) / 删除(E) / 图层(L)]<通过>："提示后，捕捉俯视图中的 E、F 两点，选择线段 L_1，向右侧偏移，完成直线段 L_2，保证尺寸 J"宽1"相等。同理，捕捉俯视图中的 E、G 两点，选择线段 L_1，向右侧偏移，完成直线段 L_3，保证尺寸"宽 2"相等，如图 2-41 所示。

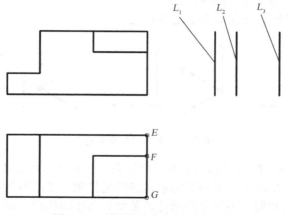

图 2-41　利用偏移命令保证宽相等

三、整理保存

将直线 L_2 改到虚线层，并利用夹持点改变长度，使其与主视图高平齐。补齐视图中的其他线，检查核对后保存。

任务十　用 AutoCAD 绘制正六棱柱三维实体图

【任务目标】

熟悉世界坐标系和用户坐标系的基本概念，并初步掌握通过拉伸、旋转等方法完成特征三维造型，以及 AutoCAD 中常用的 3 种布尔运算，最终完成如图 2-42 所示的正六棱柱平面体三维实体作图。

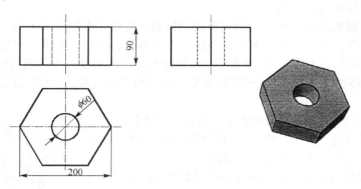

图 2-42　正六棱柱三视图及三维实体图

【知识链接】

一、世界坐标系和用户坐标系

AutoCAD 在作图时，为确定平面或空间点位置的坐标，建立了由在空间上两两互相垂直的 X、Y、Z 三轴组成的三维笛卡儿直角坐标系，原点默认为(0，O，O)。分为世界坐标系(WCS)和用户坐标系(UCS)。

图 2-43 表示的是不同坐标系下的图标。图中"X"或"Y"的箭头方向表示当前坐标轴 X 轴或 Y 轴的正方向，Z 轴正方向用右手定则判定。

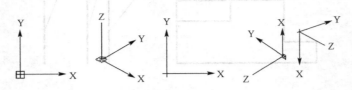

图 2-43　不同坐标系的图标

缺省状态时，AutoCAD 的坐标系是世界坐标系。世界坐标系是唯一的，固定不变的，对于二维绘图，在大多数情况下，世界坐标系就能满足作图需要，但若是创建三维模型，就不太方便了，因为用户常常要在不同平面或是沿某个方向绘制结构。而 CAD 规定绘图平面只能为 XY 坐标平面。因此在三维实体建模的作图过程中，要经常通过 UCS 旋转或移动来变换坐标系统，便于三维实体的构建。

通过"UCS"命令或 UCS 菜单栏，可以完成 UCS 平移、新建坐标方向、旋转等功能。UCS 命令中有许多选项：

[新建(N) / 移动(M) / 正交(G) / 上一个(P) / 恢复(R) / 保存(S) / 删除(D) / 应用(A) / ? / 世界(W)]，各选项功能如下：

(1) 新建(N)：创建一个新的坐标系，选择该选项后，AutoCAD 继续提示：

指定新 UCS 的原点或[Z 轴(ZA) / 三点(3) / 对象(0B) / 面(F) / 视图(V) / X / Y / Z]<0,0,0>：

指定新 UCS 的原点：将原坐标系平移到指定原点处，新坐标系的坐标轴与原坐标系的坐标轴方向相同。

Z 轴(ZA)：通过指定新坐标系的原点及 Z 轴正方向上的一点来建立坐标系。

三点(3)：用三点来建立坐标系，第一点为新坐标系的原点，第二点为 X 轴正方向上的一点，第三点为 Y 轴正方向上的一点。

对象(OB)：根据选定三维对象定义新的坐标系。此选项不能用于下列对象：三维实体、三维多段线、三维网格、视口、多线、面域、样条曲线、椭圆、射线、构造线、引线、多行文字。对于非三维面的对象，新 UCS 的 XY 平面与绘制该对象时生效的 XY 平面平行，但 X 轴和 Y 轴可作不同的旋转。如选择圆为对象，则圆的圆心成为新 UCS 的原点。X 轴通过选择点。

面(F)：将 UCS 与实体对象的选定面对齐。在选择面的边界内或面的边上单击，被选中的面将亮显，UCS 的 X 轴将与找到的第一个面上的最近的边对齐。

视图(V)：以垂直于观察方向的平面为 XY 平面，建立新的坐标系。UCS 原点保持不变。

X / Y / Z：将当前 UCS 绕指定轴旋转一定的角度。

(2) 移动(M)：通过平移当前 UCS 的原点重新定义 UCS，但保留其 XY 平面的方向不变。

(3) 正交(G)：指定 AutoCAD 提供的六个正交 UCS 之一。这些 UCS 设置通常用于查看和编辑三维模型。如图 2-44 所示。

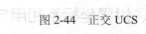

图 2-44　正交 UCS

(4) 上一个(P)：恢复上一个 UCS。AutoCAD 保存创建的最后 10 个坐标系。重复"上一个"选项逐步返回上一个坐标系。

(5) 恢复(R)：恢复已保存的 UCS 使它成为当前 UCS；恢复已保存的 UCS 并不重新建立在保存 UCS 时生效的观察方向。

(6) 保存(S)：把当前 UCS 按指定名称保存。

(7) 删除(D)：从已保存的用户坐标系列表中删除指定的 UCS。

(8) 应用(A)：其他视口保存有不同的 UCS 时；将当前 UCS 设置应用到指定的视口或所有活动视口。

(9) ?：列出用户定义坐标系的名称，并列出每个保存的 UCS 相对于当前 UCS 的原点以及 X、Y 和 Z 轴。

(10) 世界(W)：将当前用户坐标系设置为世界坐标系。

二、特征三维造型

在 AutoCAD 中，可以将一些二维平面图形进行编辑，然后通过拉伸、旋转、扫掠、放样等转化成三维实体图形，这种生成三维图形的方法就是特征三维造型。如图 2-45 所示。

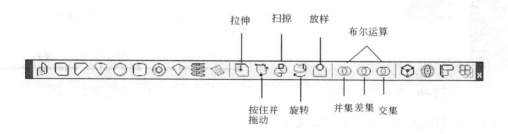

图 2-45　建模工具栏

拉伸(EXTRUDE)

通过指定拉伸高度和沿路径拉伸可以将二维图形生成三维实体。

作为拉伸对象的二维图形包括闭合多段线、多边形、三维多段线、圆、椭圆和面域。而作为拉伸路径的二维图形可以封合，也可以不封合，若拉伸闭合对象，则生成实体，否则生成曲面。启动拉伸命令有如下三种方法：

方法一：菜单命令： 绘图(D) → 建模(M) → 拉伸(X)

方法二：工具栏： 建模(M) →

方法三：命令：EXTRUDE

（1）直接拉伸矩形、正多边形、圆、椭圆等封闭图形生成三维实体

矩形、正多边形必须是一次画出的整体才可以直接拉伸，如是由几个线段组成的图形，则需用到多段线或面域来闭合图形。

执行拉伸实体命令后，系统提示如下：

◆ 选择对象：选择二维对象。

◆ 指定拉伸高度或[路径(P)]：输入拉伸高度。当输入的拉伸高度为负值，则实体将沿着 Z 轴的负方向进行拉伸。

路径(P)：用户可以沿指定路径拉伸对象。作为拉伸路径的对象可以是直线、圆弧、多段

線和樣條曲線等。

注意：拉伸對象和路徑不能在同一個平面內，也不能具有太大的曲率，否則，在拉伸過程中會產生自相交情況。

◆ 指定拉伸的傾斜角度<0>：輸入拉伸實體的側面傾斜角度，即拉伸實體的側面與垂直方向的夾角，默認值為0°。

如拉伸二維對象圓、橢圓、正六邊形、封閉的樣條曲線生成三維實體效果如圖2-46所示。

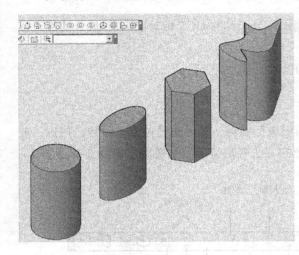

图 2-46　拉伸二维对象

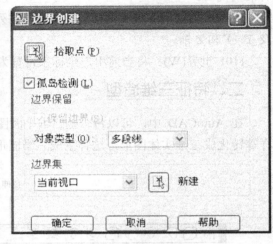

图 2-47　多段线边界创建

（2）拉伸封閉的多段線生成三維實體

◆ 用多段線命令繪製一個任意的封閉圖形。

◆ 用直線命令繪製一個任意的封閉圖形，將其創建為多段線。

◆ 單擊下拉菜單"繪圖／邊界"或在命令行輸入"BOUNDARY"。

彈出"邊界創建"對話框，如圖2-47所示。

在"對象類型"選擇框中選擇"多段線"，單擊"確定"按鈕，返回到繪圖區，命令行提示"拾取內部點"，用鼠標單擊封閉圖形內任意一點，回車，命令行提示"BOUNDARY 已創建1個多段線"，多段線創建完成。

（3）拉伸面域生成三維實體

面域是使用形成閉合環的對象創建的二維閉合區域。環可以是直線、多段線、圓、圓弧、橢圓、橢圓弧和樣條曲線的組合。組成環的對象必須閉合，或通過與其他對象共享端點而形成閉合的區域。

創建面域的方法：

① 工具欄：繪圖—單擊"面域"圖標 ⬡，命令行提示"選擇對象"時，框選整個圖形，或單擊選定圖形的每一條邊，回車即可。

② 下拉菜單：繪圖—邊界(B)…彈出"邊界創建"對話框。在"對象類型"選擇框中選擇"面域"，單擊"確定"按鈕，返回到繪圖區，命令行提示"拾取內部點"，用鼠標單擊封閉圖形內任意一點，回車。命令行提示"BOUNDARY 已創建1個面域"，面域創建完成。如圖2-48所示。

③ 命令行：BOUNDAY。

图 2-48　面域边界创建

三、利用布尔运算绘制实体

在 AutoCAD 中常用的有 3 种布尔运算，它们分别是并集、差集和交集运算，使用这 3 种布尔运算可以创建出复杂的三维实体。

1．并集运算

并集运算是指从两个或多个实体或面域的并集创建复合实体或面域。主要用于将多个相交或相接触的对象组合在一起。当组合一些不相交的新实体时，其显示效果看起来还是多个实体，但它们实际上也被当做一个对象。启动并集命令方式有三种：

方法一：菜单命令：修改(M) → 实体编辑(N) ▶ → 并集(U)

方法二：工具栏：实体 → ⊞

方法三：命令：UNION

执行并集运算命令后，系统提示如下：

选择对象：选择进行并集运算的对象，然后按回车键，即可得到并集运算效果。如图 2-49 所示。

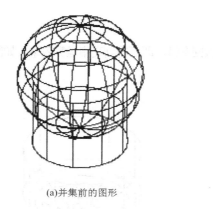

(a)并集前的图形　　　　　　　　　　(b)并集后的效果

图 2-49　并集运算

2．差集运算

差集运算是指从一个实体或者面域中删除其和另一个实体或者面域相交的部分从而得

到一个新的实体，启动差集命令有如下三种方法：

方法一：菜单命令：修改(M) → 实体编辑(N) ▶ → 差集(S)

方法二：工具栏：实体 → ⓞ

方法三：命令：SUBTRACT。

执行差集运算命令后，系统提示如下：

（1）选择要从中减去的实体或面域...

（2）选择对象：选择从中减去的实体或者面域…

（3）选择要减去的实体或面域...

（4）选择对象：选择要减去的实体或者面域，然后按回车键，即可得到差集运算效果。

差集效果，如图 2-50 所示。

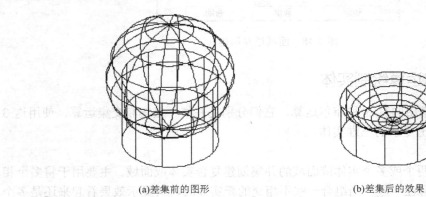

(a)差集前的图形　　　　　　　　　　(b)差集后的效果

图 2-50　差集运算

3．交集运算

交集运算是指从两个或多个实体或面域的交集创建复合实体或面域并删除交集以外的部分。启动交集命令有如下三种方法：

方法一：菜单命令：修改(M) → 实体编辑(N) ▶ → ⓞ 交集(I)

方法二:工具栏：实体 → ⓞ

方法三：命令：INTERSECT

交集运算命令后，系统提示如下：

选择对象：选择进行交集运算的对象，然后按回车键，即可得到交集运算效果，如图 2-51 所示。

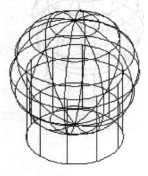

(a)交集前的图形　　　　　　　　　(b)交集后的效果

图 2-51　交集运算

【任务实施】

一、启动 AutoCAD

单击"文件"｜"新建"命令，在弹出的"选择样板"对话框中选用"模板 1"，单击"打开"按钮。

二、设置图层

选择 格式(O) → 图层(L)... 命令，弹出 图层特性管理器 对话框。在该对话框中单击"新建图层"按钮 ，创建 3 个新图层，名称分别为"0 层"、"中心线"、"尺寸线"，颜色分别为"白色"、"红色"和"黄色"，线型除"中心线"层为"CENTER"外，线宽除"0 层"为 0.3 外，其他的选项均为默认设置。

三、绘制图形

1．绘制俯视图

将 0 层设为当前图层。通过正多边形命令，按三视图尺寸绘制特征视图一俯视图，其中正六边形内接于圆(半径 100)，同心小圆直径 60，如图 2-52 所示。

图 2-52 六棱柱俯视图

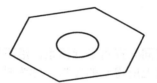

图 2-53 切换视点

2．切换视点

点击视图工具栏，采用东南等轴测视图角度观察，将六棱柱俯视图转为空间模式，如图 2-53 所示。

3．拉伸线框

由于正六边形和圆都是封闭图形，可以直接进行拉伸，否则需要转成多段线或面域后再拉伸。

选取正六边形和圆，点击：建模工具栏的拉伸图标，或输入命令 EXTRUDE，拉伸高度 90，如图 2-54 所示。

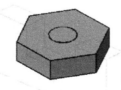

图 2-54 拉伸实体

图 2-55 布尔运算

4．布尔运算

单击实体编辑一差集，从六棱柱实体中删除中心圆柱部分从而得到一个空心六棱柱实体，结果如图 2-55 所示。

四、整理保存

项目三
轴测图

将物体连同其直角坐标体系，沿不平行于任一坐标平面的方向，用平行投影法将其投射在单一投影面上所得到的图形，称为轴测投影图，简称轴测图。

当投射方向垂直于轴测投影面时，立体上的三根坐标轴与轴测投影面倾斜的角度相同（即三个坐标轴的轴向伸缩系数相等），这样得到的轴测投影图称为正等轴测图，简称正等测。

任务一　绘制 U 形块的正等轴测图

【任务目标】

根据如图 3-1（a）所示长方体的三视图，绘制其正等轴测图，如图 3-1（b）所示。

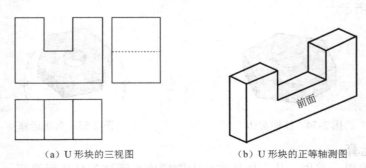

（a）U 形块的三视图　　　　　　　（b）U 形块的正等轴测图

图 3-1　U 形块

用正投影法绘制的三视图如图 3-1（a）所示，可以准确地表达物体的结构形状和大小，画图方便，但缺乏立体感，直观性差，没经过专门训练的人很难看懂其形状。而用正投影法绘制的轴测图，能同时反映物体长、宽、高三个方向的形状，如图 3-1(b)所示，虽然它在表达物

86

体时，某些结构的形状发生了变形（矩形被表达为平行四边形），但它具有较强的立体感和较好的直观性。因此，轴测图被广泛地应用于设计构思、产品介绍和帮助读图及进行外观设计。

【知识链接】

一、轴测图的形成

图 3-2（a）表示在空间的投射情况，其投影即为常见的轴测图，投影面 P 称为轴测投影面，如图 3-2（b）所示。由于轴测图能同时反映出物体长、宽、高三个方向的形状，所以具有立体感。

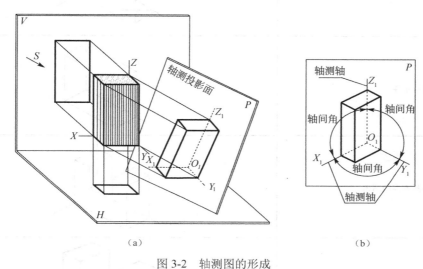

（a）　　　　　　　　　　　　（b）

图 3-2　轴测图的形成

二、轴间角和轴向伸缩系数

1. 轴测轴

直角坐标轴在轴测投影面上的投影称为轴测轴，如图 3-2b 中的 O_1X_1、O_1Y_1、O_1Z_1 轴。

2. 轴间角

轴测投影中，任意两根坐标轴在轴测投影面上的投影之间的夹角，称为轴间角，如图 3-2（b）中的 $\angle X_1O_1Y_1 = \angle Y_1O_1Z_1 = \angle X_1O_1Z_1 = 120°$。

3. 轴向伸缩系数

直角坐标轴轴测投影的单位长度，与相应直角坐标轴单位长度的比值，称为轴向伸缩系数。X、Y、Z 轴的轴向伸缩系数，分别用 p_1、q_1、r_1 表示，即 $p_1 = O_1X_1/OX$；$q_1 = O_1Y_1/OY$；$r_1 = O_1Z_1/OZ$。为了便于作图，轴向伸缩系数之比值，即 $p_1 = q_1 = r_1$ 应采用 1。

三、轴测图的分类

根据投射方向和轴测投影面的相对位置，轴测图分为两类：投射方向和轴测投影面垂直所得的轴测图称为正轴测图；投射方向和轴测投影面倾斜所得的轴测图称为斜测图。

轴间角和轴向伸缩系数是绘制轴测图的两个主要参数。正（斜）轴测图按轴向伸缩系数，是否相等又分为等测、二等测和不等测三种。这里仅介绍常用的正等轴测图和斜二等轴测图。

【任务实施】

U 形块正等轴测图的绘图步骤见表 3-1。

表 3-1   U 形块正等轴测图的绘图步骤

步　　骤	图　　示
1. 画轴测轴	
2. 绘制基体的底面、布图	
3. 绘制基本体	
4. 绘制基本体的凹槽	
5. 检查、擦除作图线，加深图线	

【实践能力】

1. 根据三视图 O 点的不同方位，学习建立不同空间轴。

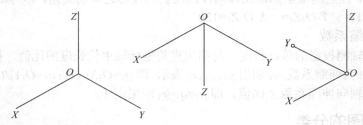

2. 根据三视图绘制立体图。

3. 根据三视图绘制立体图。

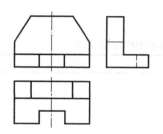
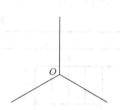

任务二 绘制正六棱柱的正等轴测图

【任务目标】

根据如图 3-3（a）所示正六棱柱的三视图，绘制其正等轴测图，如图 3-3（b）所示。

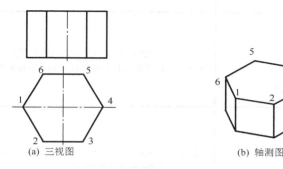

（a）三视图　　　　　　　　　　（b）轴测图

图 3-3 正六棱柱的三视图与其正等轴测图

画正六棱柱的轴测图时，只要画出其一顶面的轴测投影，再过顶面上各顶点，沿其高度方向作平行线，按高度截取，得各点后顺序连线（细虚线不画），即得六棱柱的轴测图，画图的关键是如何准确地绘制顶面的轴测投影。

画正六棱柱顶面的轴测图时，由于其六边形顶面上的Ⅰ Ⅱ、ⅢⅣ、ⅣⅤ和Ⅵ Ⅰ四条边与轴测轴不平行（见图 3-4），因此，这些边不能直接测量画出。如果能通过坐标定位，求出Ⅰ、Ⅱ、Ⅲ、Ⅳ、Ⅴ、Ⅵ各点在轴测图中的位置，并连线各点，即可求得六棱柱端面的轴测投影，进而可完成此任务。

【知识链接】

因为正等轴测图也是正投影图，因此，它具有正投影的一般性质。

一、平行性

物体上相互平行的直线，在轴测图上仍然平行；凡与坐标轴平行的直线，在轴测图上必与轴测轴平行。

二、等比性

沿着轴线方向的线段可根据轴向变形系数直接测量画出。画轴测图时，应利用这两个投影特性作图，但对物体上那些与坐标轴不平行的线段，就不能应用等比性量取长度，而应用坐标定位的方法求出直线两端点，然后连成直线。

【任务实施】

正六棱柱正等轴测图的绘图步骤见表 3-2。

表 3-2　正六棱柱正等轴测图的绘图步骤

图　例	步骤与说明
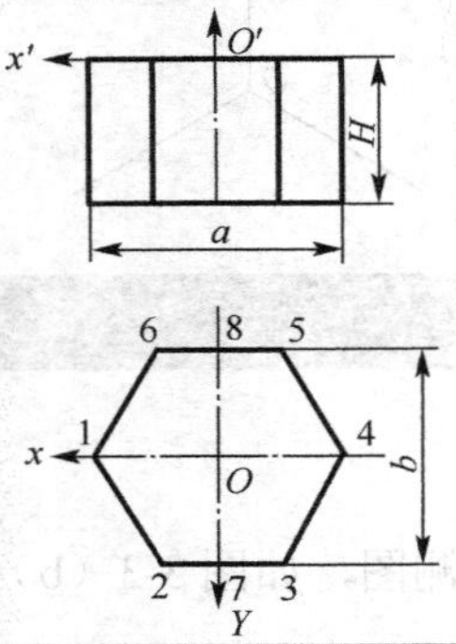	1. 在主、俯视图中确定空间坐标轴(OX、OY、OZ)的投影，六棱柱前后、左右对称，选顶面中心为坐标原点
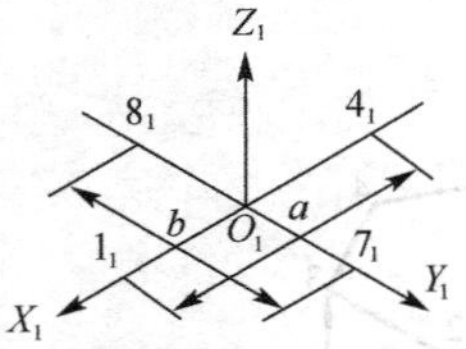	2. 画出轴测轴 O_1X_1、O_1Y_1、O_1Z_1，沿 X_1 轴在原点 O_1 两侧分别量取 $a/2$ 得到 1_1、4_1 两点，沿 Y_1 轴在 O_1 点两侧分别量取 $b/2$ 得到 7_1、8_1 两点
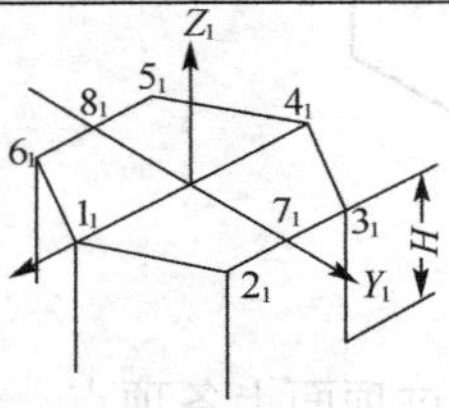	3. 过 1_7、1_8 两点作 X_1 轴平行线，量取 23 和 56 的长度得 2_131 和 5_161，连接各点完成六棱柱顶面的轴测图
	4. 沿 1_1、2_1、3_1、6_1 各点垂直向下量取 H，得到六棱柱底面可见的各端点(轴测图上细虚线一般省略不画)。用直线连接各点并加深轮廓线，即得到六棱柱的正等测图

【实践能力】

1. 根据所给的三视图画立体图。

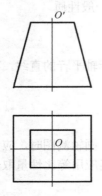

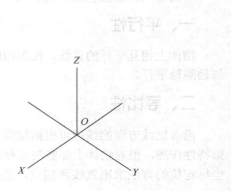

90

2. 根据所给的三视图画立体图。

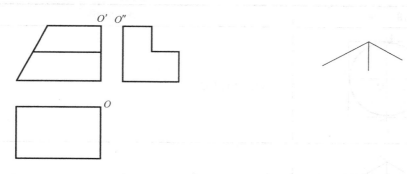

任务三　绘制圆柱的正等轴测图

【任务目标】

根据如图 3-4（a）所示圆柱的三视图，绘制其正等轴测图。

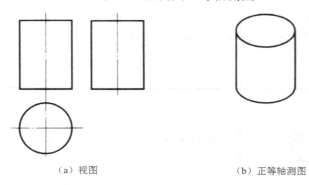

（a）视图　　　　　　　　（b）正等轴测图

图 3-4　圆柱的视图与正等轴测图

圆柱是组成机件的常见形体，掌握圆柱正等轴测图的画法，是绘制回转体轴测图的基础。由图 3-4（a）可知，直立正圆柱的轴线垂直于水平面，上下底为两个与水平面平行且大小相同的圆，在轴测图中均为椭圆。可按圆柱的直径 ϕ 和高度 h 作出两个形状和大小相同、中心距为 h 的椭圆，再作两椭圆的公切线，即得圆柱的正等轴测图。

【知识链接】

一、圆的正等测投影

在平面立体的正等轴测图中，平行于坐标面的正方形变成了菱形，如果在正方形内有一个圆与其相切，显然圆随正方形四条边的变化而变成了内切于菱形的椭圆，见表 3-3 所示。

二、圆的正等测画法

由上面分析知，平行于坐标面的圆的正等轴测图都是椭圆，虽然椭圆方向不同，但画法相同。各椭圆的长轴都在外切菱形的长对角线上，短轴在短对角线上。

平行于水平面的圆的正等测画法

在正等轴测图中，椭圆一般用四段圆弧代替，平行于水平投影面的圆的正等测画法见表 3-3。

表 3-3　平行于水平面的圆的正等测画法

图　例	画法与步骤
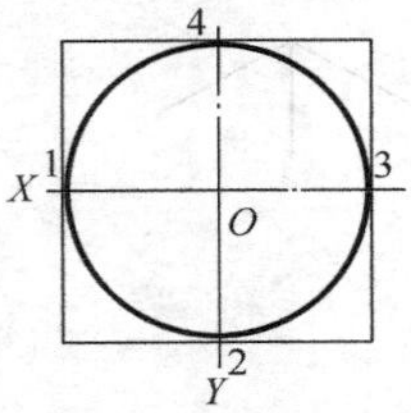 	1. 作圆的外切正方形
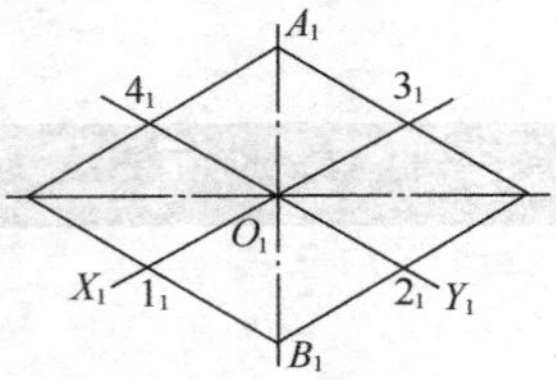	2. 画出轴测轴，按圆的外切的正方形画出菱形
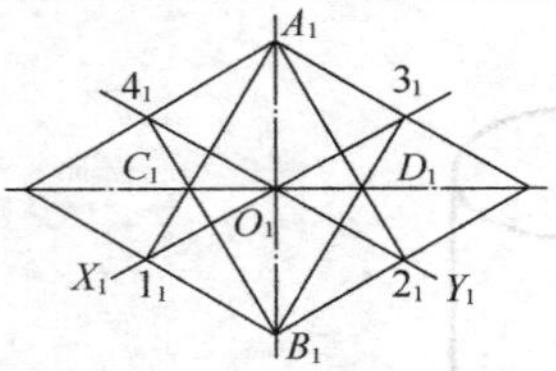	3. 求出椭圆四段圆弧圆心
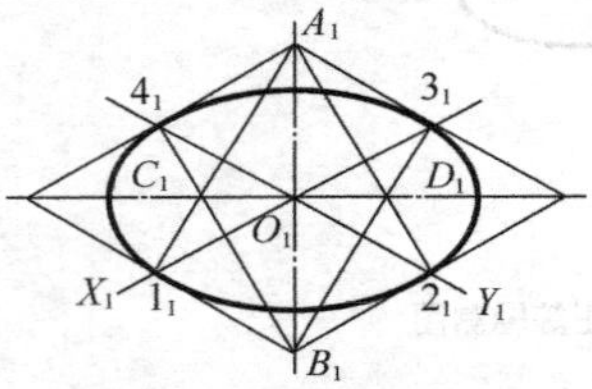	4. 用四心法作出圆的轴测图椭圆

【任务实施】

因圆柱的顶圆和底圆都平行于 XOY 所组成的坐标面，所以它们的正等测图都是椭圆，将顶面和底面的椭圆画好，然后作两椭圆的轮廓素线即得到圆柱的正等轴测图。

圆柱正等轴测图的作图步骤见表 3-4。

表 3-4　圆柱正等轴测图的作用步骤

图　例	画法与步骤
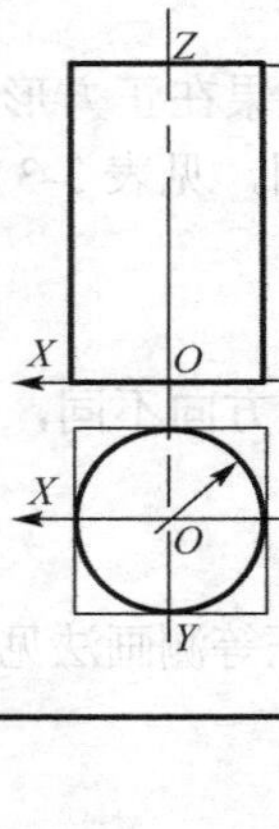	1. 选坐标轴、原点。作圆柱顶面圆的外切正方形

图 例	画法与步骤
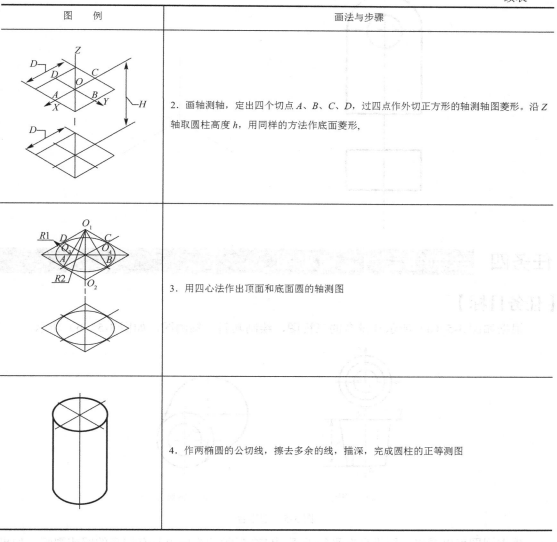	2. 画轴测轴，定出四个切点 A、B、C、D，过四点作外切正方形的轴测轴图菱形。沿 Z 轴取圆柱高度 h，用同样的方法作底面菱形。
	3. 用四心法作出顶面和底面圆的轴测图
	4. 作两椭圆的公切线，擦去多余的线，描深，完成圆柱的正等测图

【实践能力】

1. 根据所给三视图画正等轴测图。

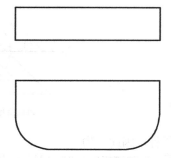

2. 根据所给三视图画正等轴测图

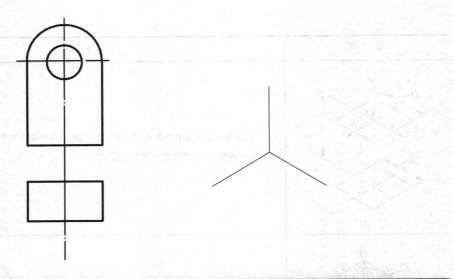

任务四　绘制锥台斜二轴测图

【任务目标】

根据如图 3-5（a）所示圆锥台的三视图，绘制其斜二轴测图，如图 3-5（b）所示。

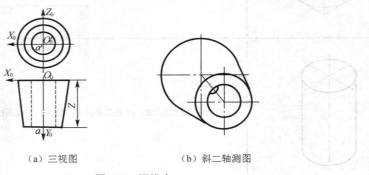

（a）三视图　　　　　　　　（b）斜二轴测图

图 3-5　圆锥台

根据视图可以看出，圆锥台在平行于正面(XOZ 面)的方向上具有较多的圆或圆弧。如果画正等轴测图，就要画很多椭圆，作图繁琐。如果用斜二轴测图来表达，就会大大简化作图。

【知识链接】

斜二轴测图的参数设置

1．轴间角

斜二轴测图的轴间角分别是：

$\angle XOY = \angle YOZ = 135°$

$\angle XOZ = 90°$

2．轴向变形系数

在斜二轴测图中，空间 XOZ 面与轴测投影面平行，因此，物

轴间角和轴向伸缩系数

图 3-6

体上凡是平行于 XOZ 坐标面（即正投影面）的表面，其轴测投影反映实形。由此得出，斜二轴测图在 OX 和 OZ 轴上的轴向变形系数为1。在 OY 轴上的轴向变形系数取 0.5，如图 3-6 所示。

【任务实施】

绘制圆锥台的斜二轴测图的步骤见表 3-5。

表 3-5　绘制圆锥台的斜二轴测图的步骤

图　例	画法与步骤
	1. 确定坐标轴
	2. 作轴测轴。将形体上各平面分层定位并画出各平面的对称线、中心线，再画主要平面的形状
	3. 画各层主要部分形状和各细节及孔洞后的可见部分形状
	4. 擦去多余图线，加深轮廓线

【实践能力】

1. 画出物体的斜二轴测图。

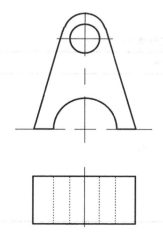

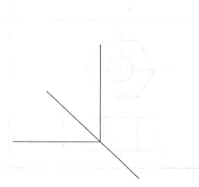

2．画出支架的斜二轴测图。

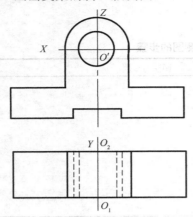

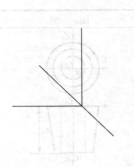

任务五　绘制六角螺母斜二轴测图

【任务目标】

如图3-7（a）所示为带圆孔的六棱柱，其前（后）端面平行于正面，确定直角坐标系时，使坐标轴与圆孔轴线重合，坐标面与正面平行，选择正平面作为轴测投影面。这样，物体上的正六边形和圆的轴测投影均为实形，作图很方便。

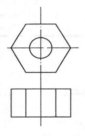

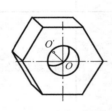

（a）六角螺母三视图　　　　（b）六角螺母轴测图

图3-7　带圆孔的六棱柱

【任务实施】

绘制六角螺母斜二轴测图见表3-6。

表3-6　绘制六角螺母斜二轴测图

图　　例	画法与步骤
	1．定出直角坐标轴并画出轴测轴

图 例	画法与步骤
	2. 画出前端面正六边形，由六边形各顶点沿 Y 轴方向向后平移 $h/2$，画出后端面正六边形
	3. 根据圆孔直径在前端面上作圆，由点 O 沿 Y 轴方向向后平移 $h/2$ 得 O'，作出后端面圆的可见部分
	4. 擦去多余图线，加深轮廓线。

【实践能力】

1. 根据图画出机件的斜二轴测图。

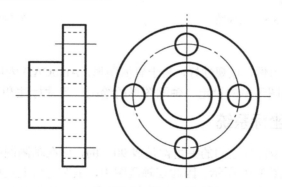

2. 根据图画出机件的斜二轴测图。

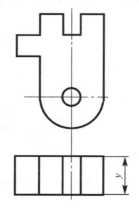

任务六　用 **AutoCAD** 绘制连接板正等轴测图

【任务目标】

了解轴测图与一般平面图的绘制区别，掌握正等轴测投影模式下轴线和椭圆的作图方式，按如图 3-8 所示的尺寸完成图 3-9 所示的轴测图。

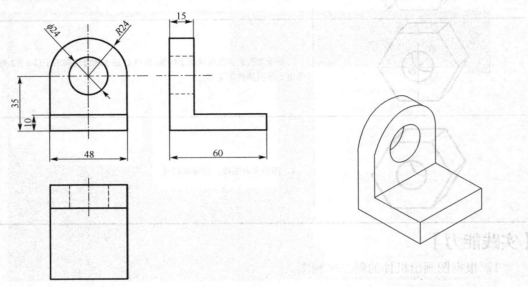

图 3-8　三视图　　　　　　　　　　　　　　图 3-9　轴测图

【知识链接】

轴测图接近人的视觉习惯，直观性好，易于看懂图形。AutoCAD 为用户提供了全面的轴测图绘制工具，包括轴测图环境的设定、轴测图形的绘制、尺寸标注和文本输入等。

一、等轴测图的坐标系统

在绘制一般零件图，坐标轴之间的夹角都是成 90°的，而在轴测图中，坐标轴之间的夹角为 60°或者 120°，如图 3-10 所示。因此在轴测图中，虽然物体上互相平行的线，轴测图上仍然平行，但是，物体上不平行于轴测投影面的平面图形，轴测图上变为原平面形的类似形。例如图 3-11 长方体的轴测图图形变为平行四边形。长方体的可见边都是按相对于水平线 30°、90°和 150°来排列的。

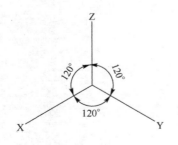

图 3-10　正等轴测图坐标

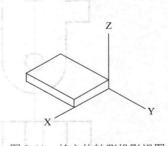

图 3-11　长方体轴测投影视图

二、轴测模式的设置

选择【工具】|【草图设置】命令，或右键点击"栅格"，系统弹出【草图设置】对话框，如图 3-12 所示。在该对话框中选中【等轴测捕捉】单选按钮，其余参数接收系统的默认设置，然后单击【确定】按钮即可。此时屏幕上的光标由如图 3-13 所示的标准捕捉模式变为如图 3-14 所示的等轴测捕捉模式。

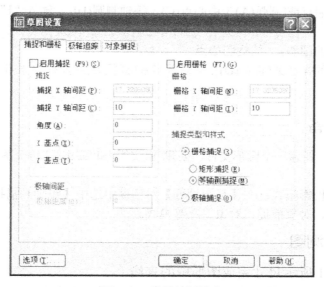

图 3-12 设置轴测模式

图 3-13 标准模式下的光标

图 3-14 等轴测模式下的光标

在轴测投影模式下切换等轴测绘制平面最简单的方法就是连续按下 F5 键，命令行中依次显示"等轴测平面上"、"等轴测平面左"和"等轴测平面右"。此时启动"正交"模式，绘制出来的直线一定和对应轴线相平行，移动屏幕上的图形实体时，拾取的实体也是轴测线移动。如图 3-15 中的（a）、（b）和（c）图所示分别为"等轴测平面上"、"等轴测面左"和"等轴测面右"。

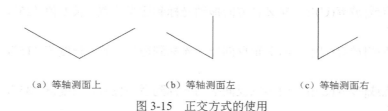

（a）等轴测面上 （b）等轴测面左 （c）等轴测面右

图 3-15 正交方式的使用

三、等轴测模式下椭圆的画法

在等轴测图中，圆是以椭圆的形式显示的，而圆弧也是以椭圆弧的形式显示的。因此，绘制圆时应使用椭圆命令。在 AutoCAD 中调用"椭圆"命令的方法有以下三种方式：

方法一：单击"绘图"工具栏中的椭圆命令按钮 ；

方法二：选择下拉菜单"绘图｜椭圆｜中心点"或"轴、端点"命令；

方法三：在命令行中键入"ellipse"按下回车键。

等轴测模式下绘制椭圆命令：

命令：ellipse//启动椭圆命令

指定椭圆轴的端点或[圆弧(A)＼中心点(C)＼等轴测圆(I)]：//输入"I"按下回车键，切换到等轴测圆模式

指定等轴测圆的圆心：//捕捉圆心点

指定等轴测圆的半径或[直径(D)]：//输入半径(直径 D)或捕捉象限点

【任务实施】

一、作图准备

（1）设置图层：新建一个图形文件，创建"粗实线"和"细实线"两个图层，并把"粗实线"图层设置为当前层。

（2）激活轴测投影模式：在【草图设置】对话框中选中【等轴测捕捉】单选按钮。

（3）激活正交、对象捕捉、对象追踪等模式。

二、绘制轴测图

1．根据图 3-1 所示尺寸完成图形中的直线

（1）连续按下 F5 键，至命令行中显示"等轴测平面右"为止。

选择"直线"命令，命令行的操作如下：

命令：line 指定第一点：　　//在绘图区适当位置拾取一点 A

指定下一点或[放弃(U)]：　//向 X 轴方向拖动光标到适当位置，输入直线长度值"48"，按下回车键，完成直线段 AB。

指定下一点或[放弃(U)]：　//向 Z 轴方向拖动光标到适当位置，输入直线长度值"10"，按下回车键，完成直线段 BC。完成后如图 3-16 所示。

（2）连续按下 F5 键，直到命令行中显示"<等轴测平面左>"为止。

继续"直线"命令，命令行的操作如下：

指定下一点或[放弃(U)]：<等轴测平面 左>

指定下一点或[放弃(U)]：//向 Y 轴反向拖动光标到适当位置，长度值"45"，按下回车键，完成直线段 CD。

指定下一点或[放弃(U)]：//向 Z 轴方向拖动光标到适当位置，长度值"25"，按下回车键，完成直线段 DE。

指定下一点或[放弃(U)]：//向 Y 轴反向拖动光标到适当位置，长度值"15"，按下回车键，完成直线段 EF。

指定下一点或[放弃(U)]：//向 Z 轴反向拖动光标到适当位置，长度值"35"，按下回车键，完成直线段 FG。

指定下 4 点或[闭合(C)／放弃(U)]：

完成直线段 GB，结束操作。

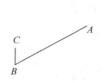

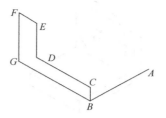

图 3-16　直线操作 1　　　　　　　　　图 3-17　直线操作 2

（3）选择"复制"命令，命令行的操作如下：

命令：copy//启动复制命令

选择对象：//选择如图 3-17 所示的线段 *BA*

选择对象：//按下回车键，结束对象操作选择

指定基点[位移(D)]<位移>：//捕捉端点 B

指定第二个点或<使用第一个点作为位移>：//捕捉 *C* 点

指定第二个点或[退出(E)/放弃(U)]<退出>：//捕捉 *D* 点

指定第二个点或[退出(E)/放弃(U)]<退出>：//捕捉 *E* 点

指定第二个点或[退出(E)/放弃(U)]<退出>：//捕捉 *F* 点

指定第二个点或[退出(E)/放弃(U)]<退出>：//按下回车键，结束操作如图 3-18 所示。

（4）选择"直线"命令，以 *H* 点为起点，利用"对象捕捉"捕捉相应端点，完成直线 *HI*、*IJ*、*JK*、*KA* 的绘制，绘制效果如图 3-19 所示。

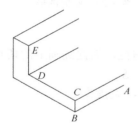

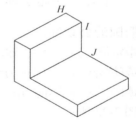

图 3-18　复制操作　　　　　　　　　图 3-19　直线操作 3

2. 绘制图形中的椭圆和椭圆弧

利用"椭圆"命令绘制连接板的椭圆孔和椭圆弧。需要特别指出的是：绘制椭圆弧时，首先绘制一个椭圆，然后用修剪工具去掉不需要的部分。

操作步骤如下：

连续按下 F5 键，直到命令行中显示"<等轴测平面右>"为止。

选择"椭圆"命令，命令行的操作如下：

命令：ellipse　　//启动椭圆命令

指定椭圆轴的端点或[圆弧(A)\中心点(C)\等轴测圆(I)]：//输入"I"按下回车键，切换到等轴测圆模式

指定等轴测圆的圆心：//捕捉如图 3-20 所示的顶边中点 *O*(选择打开对象捕捉，并设置启用端点、中点、切点和交点)

指定等轴测圆的半径或[直径(D)]：//捕捉如图 3-20 所示的顶边端点 P，结果如图 3-20 所示。

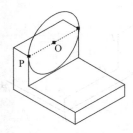

图 3-20　椭圆操作 1

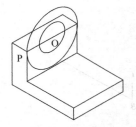

图 3-21　椭圆操作 2

重复"椭圆"命令，以 O 点为圆心，绘制半径为 12 的同心小椭圆，结果如图 3-21 所示。

选择"复制"命令，命令行的操作如下：

命令：copy　　//启动复制命令

选择对象：　　//选择两个椭圆后，按下回车键或点击右键，结束对象选择

指定基点或[位移(D)]<位移>：//捕捉如图 3-22 所示的端点 P

指定第二个点或[退出(E) / 放弃(U)]<退出>：//捕捉如图 3-22 所示的端点 Q

按下回车键或点击右键，退出复制命令

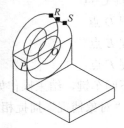

图 3-22　作椭圆公切线

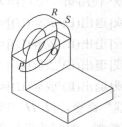

图 3-23　修剪图形

3．绘制两椭圆的公切线。

命令：line 指定第一点：　　　//输入"tan"或打开捕捉，捕捉椭圆上的切点 R

指定下一点或[放弃(U)]：//捕捉另一椭圆上的切点 S

指定下一点或[闭合(C)/放弃(U)]：//按下回车键，结束操作

绘制效果如图 3-22 所示。

4．完成细节部分

选择"修剪"命令，对需消影的椭圆轮廓进行修剪。结果如图 3-23 所示。

三、整理保存

对照图 3-2 所示任务要求，通过夹持点或"修剪"、"删除"等命令删除多余的作图线，完成连接板正等轴测图的作图。

任务七　用 AutoCAD 绘制组合体的正等轴测图

【任务目标】

进一步掌握正等轴测投影模式下组合体轴测图的作图方式，按如图 3-24 所示的组合体三视图及尺寸完成图 3-25 所示的轴测图。

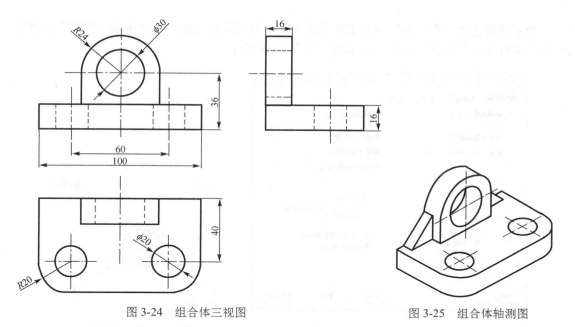

| 图 3-24 组合体三视图 | 图 3-25 组合体轴测图 |

【任务实施】

一、作图准备

1．设置图层

单击【图层】工具栏中的【新建】按钮，系统弹出【图册特性管理器】对话框。连续单击该对话框中的【新建】按钮，新建 5 个图层，并分别命名为【实线】、【虚线】、【中心线】、【尺寸线】、【坐标线】，如图 3-26 所示。

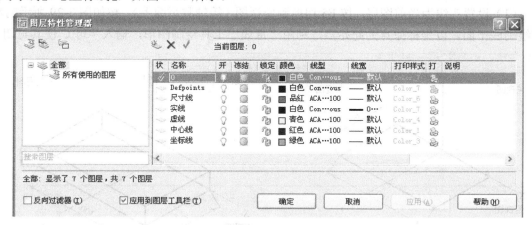

图 3-26 【图层特性管理器】对话框

2．设置轴测捕捉

选择【工具】|【草图设置】命令，或右键点击"栅格"，系统弹出【草图设置】对话框，如图 3-27 所示。在该对话框中选中【等轴测捕捉】单选按钮，其余参数接收系统的默认设置，然后单击【确定】按钮即可。此时屏幕上的光标由标准捕捉模式变为等轴测捕捉模式。

3．绘制坐标线

103

为了理解方便，在绘制轴测图之前利用直线工具可绘制坐标线，并单击"绘图"工具栏中的"多行文字"按钮，标出坐标名称，如图3-28所示。

图3-27 设置等轴测捕捉模式

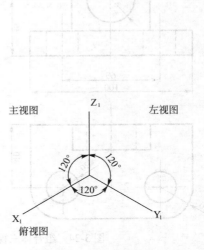

图3-28 绘制坐标线

二、绘制轴测图

绘制组合体轴测图一般按照先大后小，先叠加后切除，先整体轮廓后补充细节的原则来绘制。一般先绘制底板(不含倒角和圆孔)、再绘制竖板，再绘制两侧三角形肋板，最后完成倒角和圆孔等细节。

1．绘制底板

（1）设置实线为当前图层，按F5切换到俯视图（等轴测平面上），按如图3-29所示的尺寸绘制底平面，以坐标原点为起始点，利用"直线"工具绘制图形，输入字母C使其封闭。

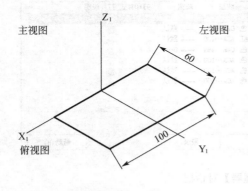

图3-29 绘制底板底半面

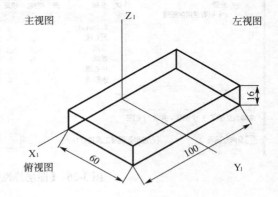

图3-30 绘制底板

（2）按F5键切换主视图。利用"直线"工具绘制如图3-30所示的图形底板前后两面。接着按F5键切换到左视图。利用"直线"工具绘制左右两面。

（3）剪切多余的线段

利用"修改"工具栏中的"剪切"按钮，将多余的线剪切掉。及时修剪可以使图形显得清晰，不至于太繁杂。

2. 绘制竖板

（1）以底板上端面后侧边线中点为起始点，按尺寸绘制如图 3-31 所示的竖板后平面图框。

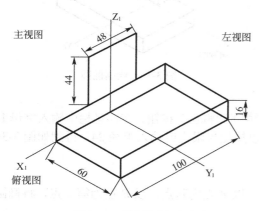

图 3-31　绘制竖板后平面

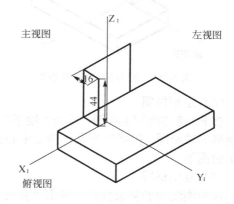

图 3-32　绘制竖板左侧面

（2）绘制竖板的左侧面

按 F5 键切换到左视图（等轴测左），按尺寸利用"直线"工具绘制竖板左侧平面，如图 3-32 所示。

（3）完成竖板轮廓线

利用"复制"、"直线"等命令，完成竖板剩下的边线，如图 3-33 所示。

（4）剪切多余的线段

单击"修改"工具栏中的"剪切"按钮，将绘制的竖板多余线剪切掉，得到如图 3-34 所示的图形。

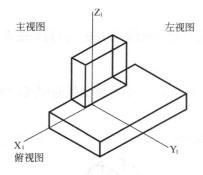

图 3-33　绘制竖板轮廓线

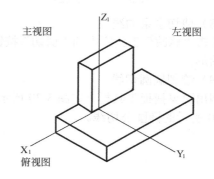

图 3-34　剪切多余的线段

（5）绘制竖板椭圆中心线

设置中心线为前层，绘制水平垂直中心线，该中心线的交点就是将要绘制半圆柱板的中心点，如图 3-35 所示。

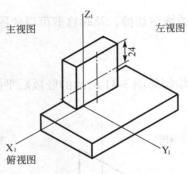

图 3-35　绘制竖板椭圆中心线

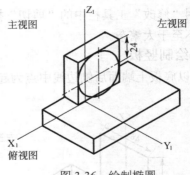

图 3-36　绘制椭圆

（6）绘制椭圆

按 F5 键切换到主视图，单击"绘图"工具栏中的"椭圆"按钮，在信息栏中输入字母 I，即绘制等轴测图，接着在屏幕上指定中心点，可以捕捉象限点或输入半径 24，得到如图 3-36 所示的图形。

（7）复制椭圆

选中刚绘制的竖板椭圆，单击"复制"按钮，以 A 点为基点，以 B 点为第二点，将椭圆复制到竖板后端面，得到如图 3-37 所示的图形。

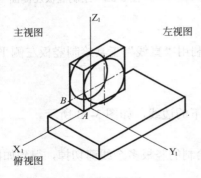

图 3-37　复制椭圆

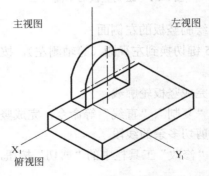

图 3-38　剪切竖板上多余的线段

（8）剪切多余的线段

单击"修改"工具栏中的"剪切"按钮，将绘制的竖板多余线剪切掉，得到如图 3-38 所示的图形。

（9）绘制椭圆切线

调出对象捕捉工具栏，如图 3-39 所示，利用"直线"命令，捕捉椭圆弧的切点，绘制如图 3-40 所示的椭圆公切线。

捕捉切点

图 3-39　对象捕捉工具栏

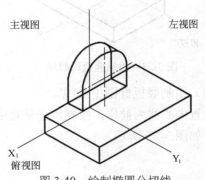

图 3-40　绘制椭圆公切线

（10）绘制 $\phi 30$ 中心孔椭圆

按 F5 键切换到主视图，单击"绘图"工具栏中的"椭圆"按钮，输入 I，即绘制等轴测图，在屏幕上指定中心点，椭圆半径为 15，如图 3-41 所示。

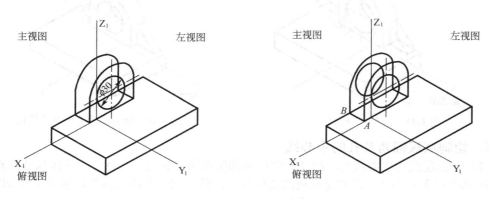

图 3-41　绘制椭圆　　　　　　　　　　图 3-42　复制中心孔椭圆

（11）复制中心孔椭圆

选中刚绘制的中心孔椭圆，单击"修改"工具栏中的"复制"按钮，以 A 点为基点，以 B 点为第二点，将椭圆复制到竖板后端面，得到图 3-42 所示的图形。

（12）修剪竖板上多余的线段

单击"修改"工具栏中的"剪切"按钮，将绘制的竖板圆孔多余线剪切掉，并将剪不掉的多余线段"删除"，得到图 3-43。

3．绘制两侧三角形肋板

（1）按 F5 键切换到左视图，利用"直线"工具，以端点 C 为起点，按尺寸绘制如图 3-44所示左侧肋板的棱边。

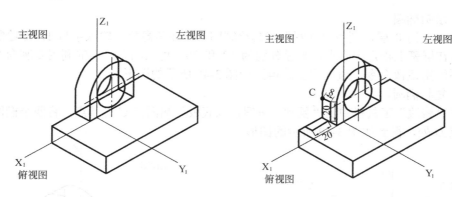

图 3-43　修剪竖板上多余的线段　　　　图 3-44　绘制左侧肋板

（2）绘制右侧肋板

利用"直线"工具绘制左肋板剩余的边界线，并按尺寸绘制右端肋板，绘制方法与左端肋板的方法相同，如图 3-45。

（3）补齐、剪切肋板线段

按单击"修改"工具栏中的"剪切"按钮，将绘制的右肋板隐藏线剪切掉，得到如图 3-46所示的图形。

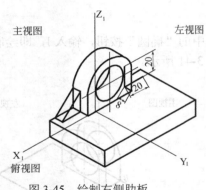

图 3-45　绘制右侧肋板

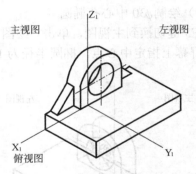

图 3-46　修剪肋板上多余的线段

4．绘制底板圆角及孔的中心线

（1）将图层改为中心线层，按 F5 键切换到俯视图，利用"直线"工具按尺寸绘制如图 3-47 所示的三条中心线，以确定底板圆心位置。注意：这里不能直接将轮廓线偏移 20 来作中心线，因为两线之间的垂直距离不是 20。

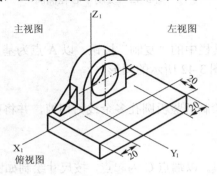

图 3-47　绘制底板椭圆中心线

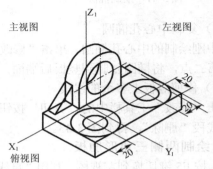

图 3-48　绘制椭圆

（2）绘制椭圆

将图层改为 0 层，利用"椭圆"工具绘制图形。在信息栏中输入字母 I，即绘制等轴测图，接着在屏幕上指定中心点，半径分别为 10 和 20。可以画完一半的利用复制命令画另一半，但不能用镜像命令，道理同上。得到如图 3-48 所示的图形。

（3）复制椭圆。

单击"修改"工具栏中的"复制"按钮，以底板上端面点 C 为基点，将四个椭圆底板下端面端点 D 处，得到如图 3-49 所示的图形。

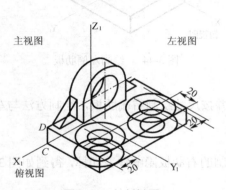

图 3-49　复制椭圆

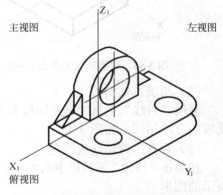

图 3-50　修剪底板椭圆多余的线

（4）利用"剪切"工具，将底板椭圆多余的线（即中心线、隐藏线和边界线）剪切掉，就得到如图 3-50 所示的底板倒角圆角图形。

（5）绘制底板右端椭圆公切线

捕捉底板右端上下两个椭圆弧的切点，绘制直线。方法同竖板椭圆公切线画法。如图 3-51 所示。

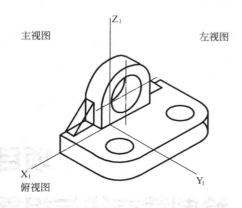

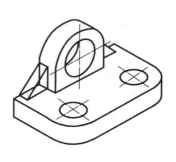

图 3-51　绘制底板右端椭圆公切线　　　　图 3-52　完成的组合体轴测图

三、整理保存。

对照要求，仔细检查所作图形，将多余的线剪切或删除掉，确认正确后进行保存，完成支架正等轴测图的绘制过程，如图 3-52 所示。

（4）利用"阵列"工具，把挡圈和键表面处理（倒角圆角、设置材质和光照、设置场景等）后，就可以渲染处理3-50 所示机盖底板立体图了。

（5）参考随堂QQ渲染图片。

1 把定位销 3-3 与插孔销键的立体图和机件的立体图……匹配到……，如图 3-51 所示。

图 3-51 定位销与机件装配图

项目四

绘制截交线与相贯线

在许多机件的表面上，常常遇到平面与曲面立体相交的情况，如图 4-1 所示，它们的表面都有被平面截割而产生的交线，称为截交线。

截交线具有以下两个基本特征：

（1）截交线为封闭的平面图形。

（2）截交线既在截平面上，又在立体表面上，是截平面与立体表面的共有线，截交线上的点均为截平面与立体表面的共有点。

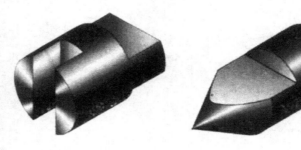

图 4-1 截交线示例

任务一　绘制斜割圆柱体上的截交线

【任务目标】

如图 4-2 所示，根据图（a）切割圆柱体的立体图，补画图（b）中的左视图。

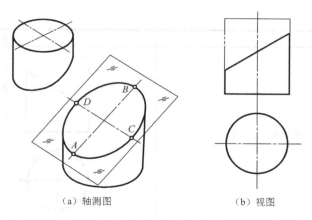

（a）轴测图　　　　　　　　（b）视图

图 4-2　被切割的圆柱

【任务实施】

如图 4-2（a）所示，平面斜割圆柱体时，平面与圆柱的交线为椭圆。由于该椭圆截交线是圆柱面和截平面的共有线，因此它具有两个性质：一是该椭圆在圆柱面上，具有圆柱面的投影特征，其水平投影为圆；二是该椭圆在正垂截平面上，具有正垂面的投影特征，其正面投影为直线。因此该截交线的正面投影和水平投影都是已知的。已知椭圆截交线的两面投影，求第三投影，可用取点法，绘图步骤见表 4-1。

表 4-1　绘制斜割圆柱的左视图步骤

步　骤	图　例
1. 作出完整圆柱的侧面投影 2. 求特殊点的投影，即最高点 B，最低点 A，最前点 C，最后点 D	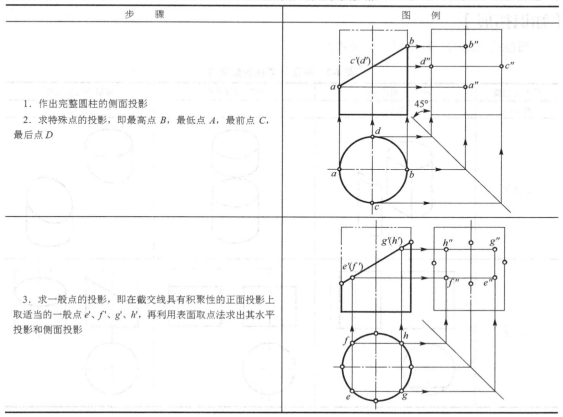
3. 求一般点的投影，即在截交线具有积聚性的正面投影上取适当的一般点 e′、f′、g′、h′，再利用表面取点法求出其水平投影和侧面投影	

111

机械制图与CAD绘图（基础篇）

步　骤	图　例
4. 将求得的截交线上的点依次连成光滑曲线	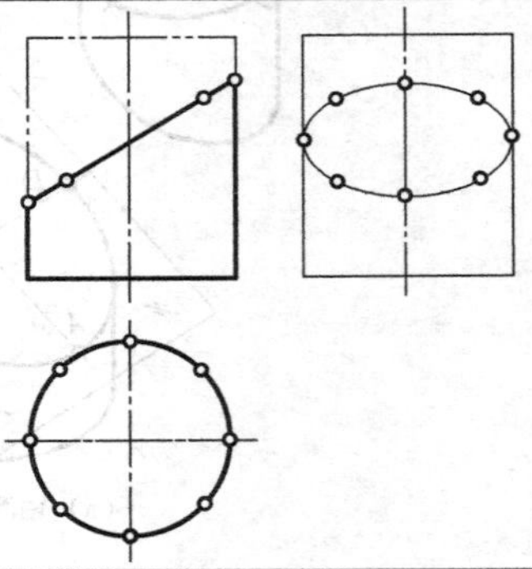
5. 擦去被切割部分的轮廓线，并将轮廓线描深	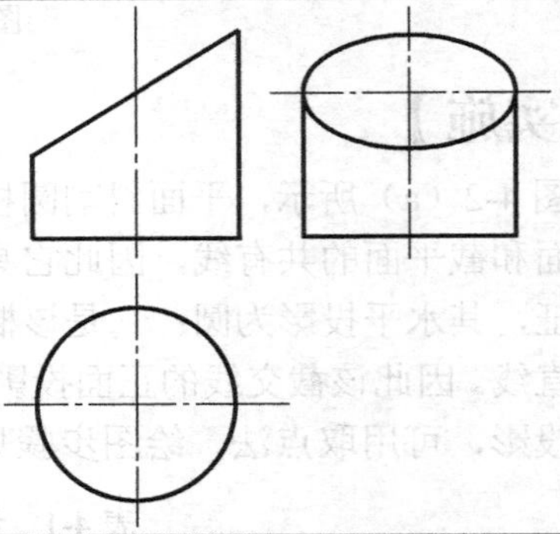

【知识拓展】

圆柱截交线的三种形式，见表4-2。

表4-2　平面与圆柱的截交线

截平面位置	平行于圆柱轴线	垂直于圆柱轴线	倾斜于圆柱轴线
截交线	矩形	圆	椭圆
立体图	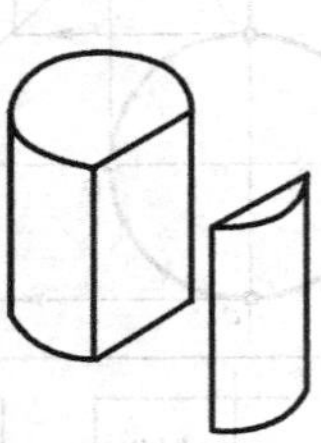	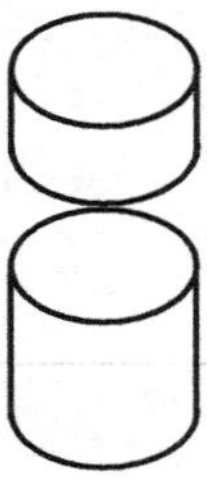	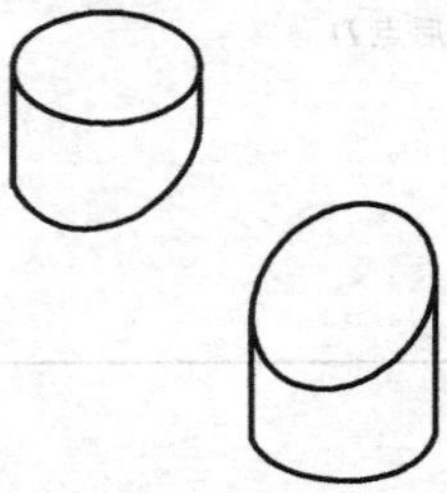
投影图	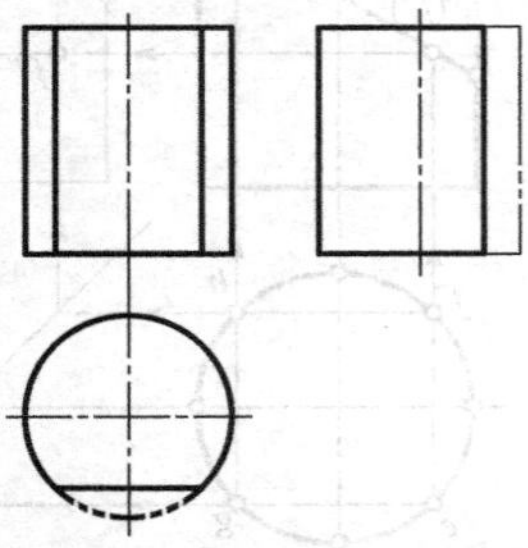	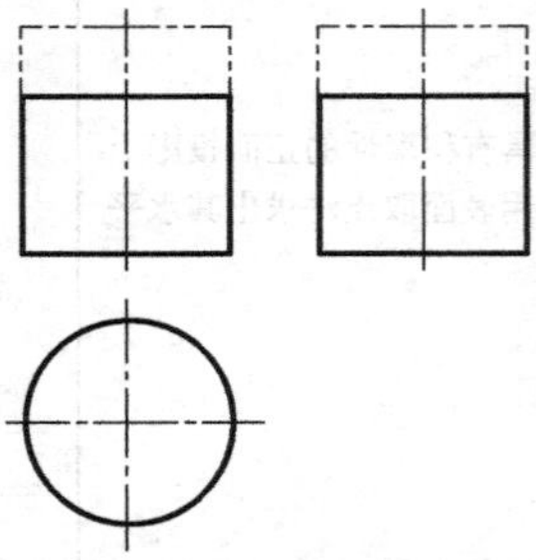	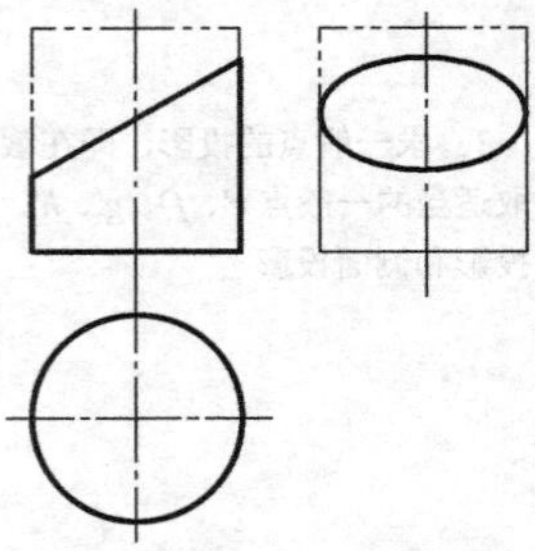

【实践能力】

已知圆柱两视图，补画第三视图。

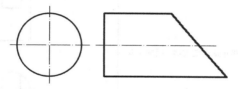

任务二　绘制切口圆柱的三视图

【任务目标】

如图 4-3 所示，求切口圆柱的第三视图。

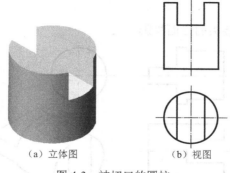

（a）立体图　　　　（b）视图

图 4-3　被切口的圆柱

【任务实施】

该切口圆柱是在一个圆柱体上用两个平行于轴线的平面和一个垂直于轴线的平面切了一个矩形槽口，这三个平面切割圆柱时分别产生了截交线。两个侧平面与圆柱面的截交线分别为两个平行于轴线的素线，水平面和圆柱面的截交线为两端圆弧。

绘制切口圆柱的第三视图步骤见表 4-3。

表 4-3　绘制切口圆柱的第三视图步骤

步　　骤	图　　例
1. 画出圆柱未切割前的侧面投影 2. 求作槽两侧面的侧面投影	

113

步　骤	图　例
3．求作槽底面的侧面投影。 注意：侧面投影中被圆柱面遮挡部分画成细虚线，两端可见部分画成粗实线	
4．擦去多余轮廓线及辅助线，按线型描深图线，完成侧面投影	

【实践能力】

根据立体图，试补全接头的三面投影。

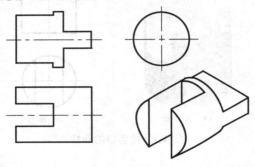

任务三　绘制斜割圆锥上的截交线

【任务目标】

如图 4-4 所示，根据图（a）切割圆锥体的立体图，试补全图（b）中截交线的投影。

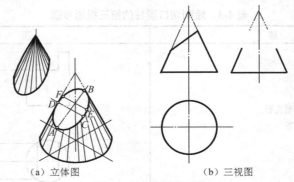

（a）立体图　　　　　　（b）三视图

图 4-4　被切割的圆锥

【任务实施】

由图 4-4（a）可看出，被切割圆锥的截交线为一封闭曲线（椭圆）。该截交线是截平面与圆锥面的共有线，因此其正面投影与正垂面的正面投影重合，同时由于截交线是圆锥面上的线，所以具备圆锥表面上线的特征，该截交线的正面投影是已知的，水平投影和侧面投影是椭圆。

绘制斜割圆锥截交线步骤见表 4-4。

表 4-4　绘制斜割圆锥截交线步骤

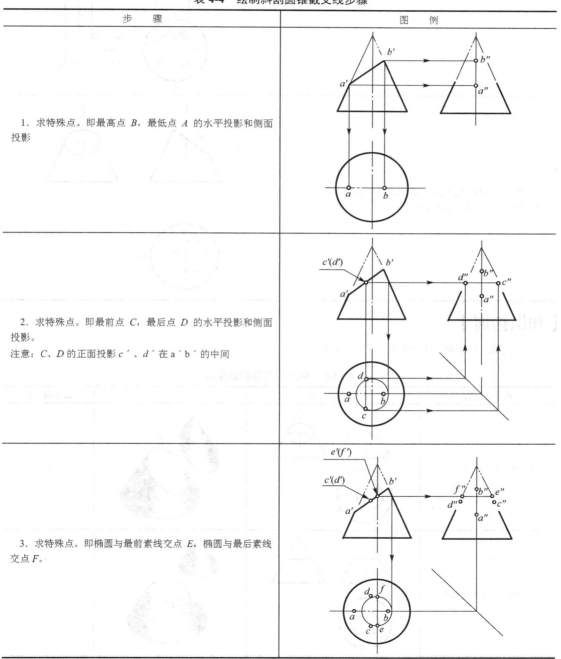

步　骤	图　例
1. 求特殊点。即最高点 B，最低点 A 的水平投影和侧面投影	
2. 求特殊点。即最前点 C，最后点 D 的水平投影和侧面投影。 注意：C、D 的正面投影 c'、d' 在 $a'b'$ 的中间	
3. 求特殊点。即椭圆与最前素线交点 E，椭圆与最后素线交点 F。	

机械制图与CAD绘图（基础篇）

步 骤	图 例
	(图例)
4. 求一般点的投影	(图例)
5. 将求得的截交线上的点依次连成光滑曲线 6. 擦去多余图线，描深轮廓线	(图例)

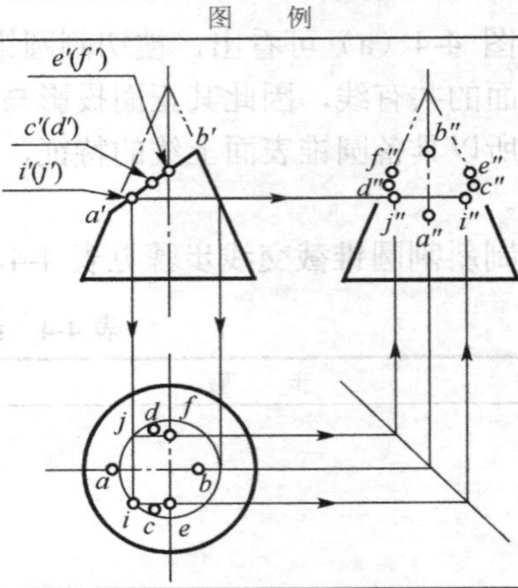

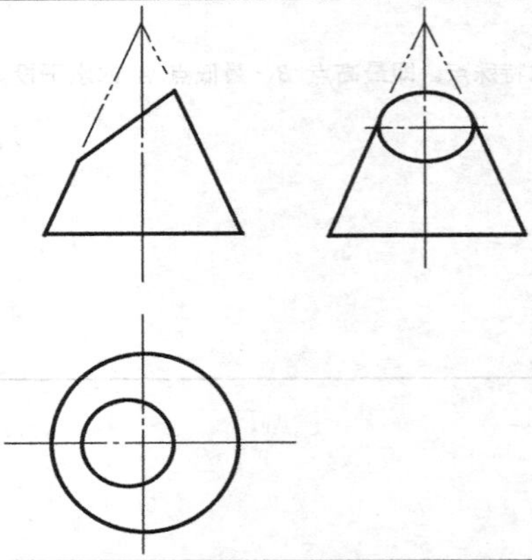

【知识拓展】

圆锥截交线的三种形式，见表4-5。

表4-5　平面与圆锥的截交线

截平面位置	三 视 图	立 体 图	截交线形状
1. 截平面倾斜于轴线	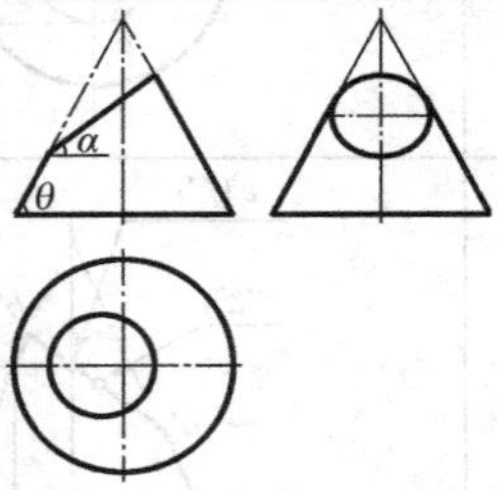 (图例)	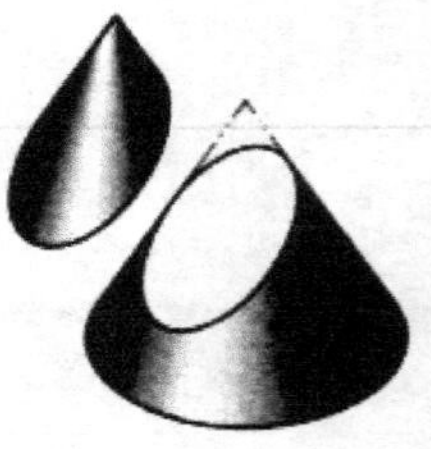 (图例)	椭圆
2. 截平面垂直于轴线	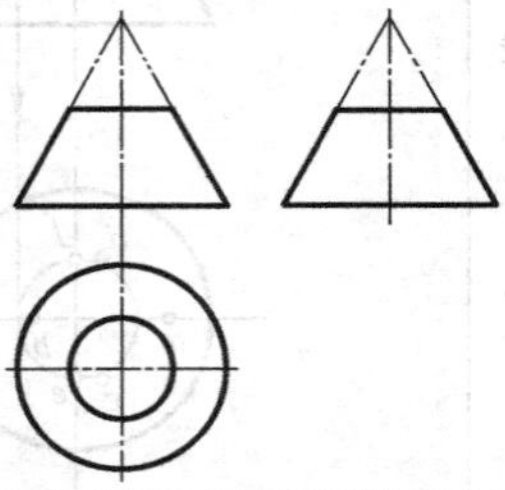 (图例)	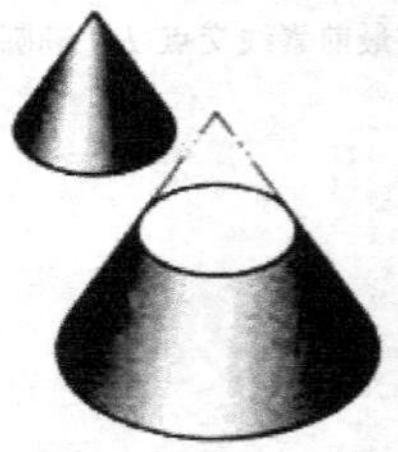 (图例)	圆

截平面位置	三 视 图	立 体 图	截交线形状
3. 截平面平行于轴线			双曲线
4. 截平面平行于素线			抛物线
5. 截平面过锥顶			三角形

【实践能力】

1. 求作圆锥被切割后的水平和侧面投影。

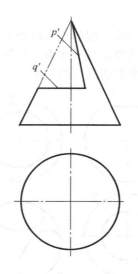

2. 绘制顶尖的三视图。

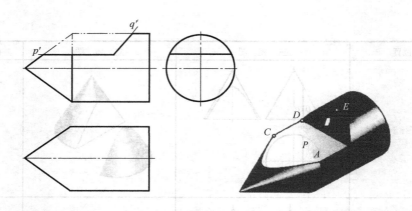

任务四　绘制球体上的截交线

【任务目标】

如图4-5所示，根据图（b）中切割半球的立体图，试补全图（a）中截交线的投影。

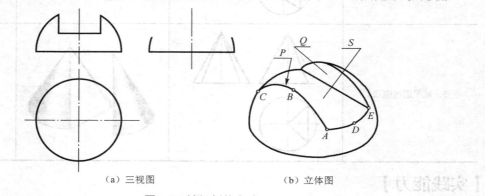

（a）三视图　　　　　　　　　　　（b）立体图

图4-5　被切割的半球

【知识链接】

平面切割圆球时，其截交线均为圆，圆的大小取决于平面与球心的距离。当平面平行于投影面时，在该投影面上的交线圆的投影反映实形，另外两个投影面上的投影积聚成直线。如图4-6所示为圆球被水平面和侧平面切割后的三面投影。

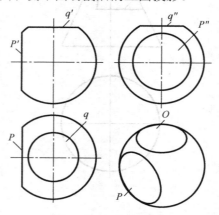

图4-6　平面切割圆球

118

【任务实施】

绘制平面切割半球截交线步骤见表4-6。

表4-6　绘制平面切割半球截交线步骤

步　骤	图　例
1. 作槽的水平投影 　通槽底面的水平投影由两段相同的圆弧和两段积聚性直线组成，圆弧半径为 R_1，可从正面投影中量取	
2. 作通槽的侧面投影 　通槽的两侧面为侧平面，其侧面投影为圆弧，半径 R_2 可从正面投影中量取。通槽的底面为水平面，侧面投影积聚一直线，中间部分不可见，画成虚线	
3. 擦去多余线，加深轮廓线	

【实践能力】

1. 补画俯、左视图上的缺线。

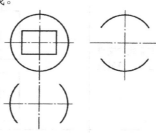

2. 补画左视图。

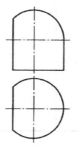

119

任务五　绘制正交两圆柱的相贯线

【任务目标】

如图 4-7 所示，图（b）中立体图为两圆柱正交相贯，试补画图（a）中相贯线的投影。

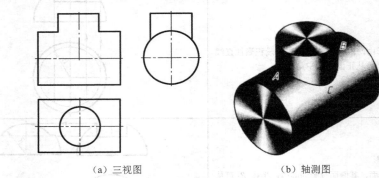

（a）三视图　　　　　　　　　（b）轴测图

图 4-7　两圆柱正交相贯

【任务实施】

两个圆柱体轴线垂直相交称为正交，此时两圆柱面相交产生一条封闭空间曲线，这种曲面和曲面的交线称为相贯线。如图 4-7 所示，当直立圆柱轴线为铅垂线，水平圆柱轴线为侧垂线时，直立圆柱面的水平投影和水平圆柱面的侧面投影都具有积聚性。相贯线的水平投影和侧面投影分别重影在两个圆柱的积聚投影上，为已知投影，要求相贯线的正面投影。按点的投影规律，用已知两投影求第三投影的方法，求得相贯线上若干点的正面投影，然后将这些点依次光滑连接即得相贯线的正面投影，绘图步骤见表 4-7。

表 4-7　绘制两圆柱正交相贯的相贯线

步　骤	图　例
1. 求特殊点的投影 　水平圆柱的最高素线与直立圆柱最左、最右素线的交点 A、B 是相贯线上的最高点，也是最左、最右点，最低点 C 点	
2. 求中间点的投影 　利用积聚性，在侧面投影和水平投影上定出 e''、f'' 和 e、f，再作出 e'、f'	

续表

步　骤	图　例
3．光滑连接各点，即得相贯线投影	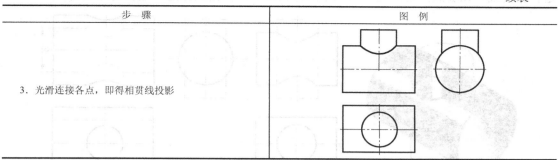

【知识拓展】

一、两正交圆柱相贯，相贯线的变化情况

设竖直圆柱直径为 ϕ，水平圆柱直径为 ϕ_1，则有以下三种，如图 4-8 所示：

（1）当 $\phi < \phi_1$ 时，相贯线正面投影为上下对称的曲线[（a）图]；

（2）当 $\phi = \phi_1$ 时，相贯线为两个相交的椭圆，其正面投影为正交的两条直线[（b）图]；

（3）当 $\phi > \phi_1$ 时，相贯线正面投影为左右对称的曲线[（c）图]；

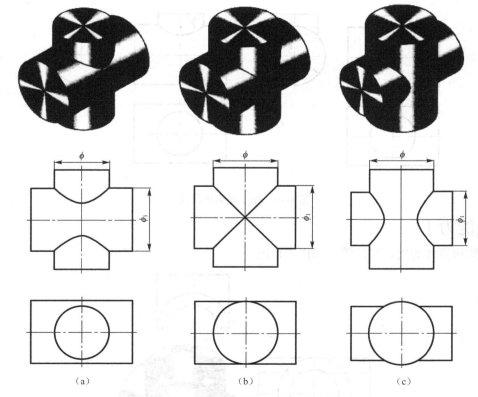

图 4-8　两正交圆柱相贯线的变化情况

二、圆柱穿孔的相贯线

如图 4-9 所示，若在水平圆柱上穿孔，就出现了圆柱外表面与圆柱孔内表面的相贯线。

121

这种相贯线可以看成是直立圆柱与水平圆柱相贯后，再把直立圆柱抽去而形成的。

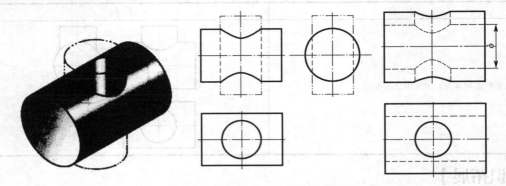

图 4-9　圆柱穿孔后相贯线的投影

三、相贯线的简化画法

为了简化作图，国家标准规定，允许采用简化画法作出相贯线的投影，即以圆弧代替非圆曲线。如图 4-10 所示，当轴线垂直相交且平行于正面的两个不等径圆柱相交时，相贯线的正面投影以大圆柱的半径为半径画圆弧即可。

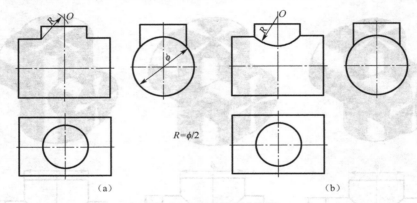

$R=\phi/2$

（a）　　　　　　　　　　　　　　　　　　　　　（b）

图 4-10　相贯线简化画法

【实践能力】

已知相贯体的俯、左视图，求作主视图。

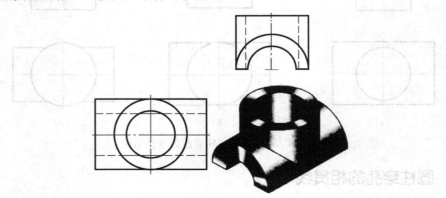

任务六　用 AutoCAD 绘制截交线

【任务目标】

初步掌握夹持点的概念与使用，学会调整图形中的虚线和点画线的线型比例，使之达到作图要求。通过练习，完成如图 4-11 所示含有圆柱体切口和开槽所形成截交线的三视图。

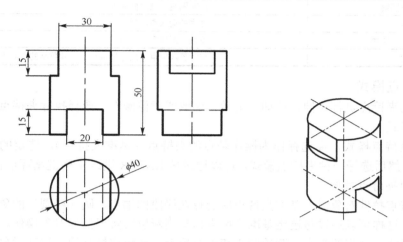

图 4-11　圆柱体截交线三视图及轴测图

【知识链接】

一、夹持点

1．概念

使用鼠标点击要编辑的实体目标时，实体上将出现若干实心的小方框，这些小方框是图形的特征点，称为夹持点，又简称为夹点。对于不同的对象，特征点的数量和位置各不相同，图 4-12 和表 4-8 分别列出了常见对象的特征点，即选择对象时出现的夹持点。

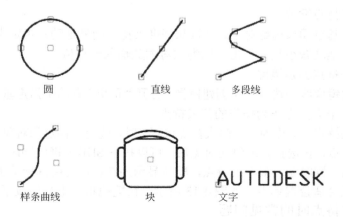

图 4-12　常见对象的夹持点

表 4-8　常见对象的特征点

对　　　象	特　征　点
直线段	直线段的两端点、中点
圆(椭圆)	圆(椭圆)的象限点、圆心
圆(椭圆)弧	圆(椭圆)弧两端点、圆心
多边形	多边形的各顶点
多段线	多段线各线段的端点、弧线段的中点
填充图案	填充图案区域内的插入点
文本	文本的插入点、对齐点
属性、图块	属性、图块各插入点
尺寸	尺寸界线原点、尺寸线端点、尺寸数字的中心点

2．夹持点模式

可以拖动夹持点执行拉伸、移动、旋转、缩放或镜像操作。选择执行夹持点的编辑操作称为夹持点模式。

要使用夹持点模式，需选择作为操作基点的夹持点（基准夹持点）。选定的夹持点也称为热夹持点。然后选择一种夹持点模式，可以通过按 ENTER 键或空格键循环选择这些模式。

（1）使用夹持点拉伸

使用夹持点拉伸对象时，基准夹持点应选择在线段的端点、圆（椭圆）的象限点、多边形的顶点上，这样可以通过将选定基准夹持点移动到新位置实现拉伸对象操作。但基准夹持点如果选在直线、文字的中点、圆的圆心和点对象上，系统将执行的是移动对象而不是拉伸对象，这是移动对象、调整尺寸标注位置的快捷方法。

（2）使用夹持点移动

通过选定的夹持点移动对象。选定的对象被亮显并按指定的下一点位置移动一定的方向和距离。对于圆和椭圆上的象限夹持点，通常从中心点而不是选定的夹持点测量距离。例如，在"拉伸"模式中，可以选择象限夹持点拉伸圆，然后在新半径的命令行中指定距离。距离从圆心而不是选定的象限进行测量。如果选择圆心点拉伸圆，圆则会移动。

（3）使用夹持点旋转

通过拖动和指定点位置来绕基点旋转选定对象。还可以输入角度值。这是旋转块参照的好方法。

（4）使用夹持点缩放

可以相对于基点缩放选定对象。通过从基准夹持点向外拖动并指定点位置来增大对象尺寸，或通过向内拖动减小尺寸。也可以为相对缩放输入一个值。

（5）使用夹持点创建镜像

可以沿临时镜像线为选定对象创建镜像。打开"正交"有助于指定垂直或水平的镜像线。

（6）使用多个夹持点作为操作的基夹持点

选择多个夹持点（也称为多个热夹持点选择）时，选定夹持点间对象的形状将保持原样。要选择多个夹持点，在选择要编辑的对象后，可以按下 SHIFT 键的同时，鼠标依次单击要拉伸的多个夹持点，同时激活多个夹持点，默认显示为红色，再用鼠标单击其中一个基准夹持点，移动鼠标至合适位置单击。如图 4-13 所示，快捷地将矩形拉伸成平行四边形、梯形。

3．使用夹持点时的常见问题

在利用夹持点拉伸对象时，有时激活端点后移动鼠标并单击，基准夹持点还在原位置，并没有移到光标位置。这是因为在操作时打开了自动捕捉功能，如果鼠标在对象附近移动，系统将捕捉到对象上离光标中心最近的特征点，即只能将基准夹持点拉伸到对象的特征点上。如果鼠标移动距离小，则系统仍捕捉到原端点，线段就不能被拉伸了。此时，可以关闭自动捕捉功能，保证正常操作。此外，在绘制和编辑图形时，由于打开自动捕捉模式，也可能出现意想不到的结果，所以应灵活应用自动捕捉功能，注意状态行上"对象捕捉"按钮的切换。

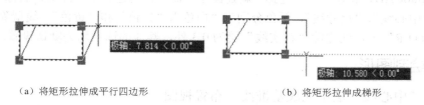

（a）将矩形拉伸成平行四边形　　　　　　　　（b）将矩形拉伸成梯形

图 4-13　实现多个夹持点拉伸

二、线型比例

在 AutoCAD 中，对象的线型由线型文件定义，其中简单线型（如细点画线、虚线）都是由线段、点、空格所组成的重复序列，且线型定义中确定了线段、空格的相对长度。如果一条线段过短，而不能容纳一个细点画线或虚线序列时，就不能显示完整的线型，而在两个端点之间显示一条连续线。在实际作图中，通过设置线型比例来控制线段和空格的大小。

系统用 LTSCALE 系统变量设置"全局比例因子"，控制现有和新建的所有对象的线型比例；用 CELTSCALE 系统变量设置"当前对象比例"，控制新建对象的线型比例，系统将 CELTSCALE 的值乘以 LTSCALE 的值确定为新对象的线型比例，调整该变量值可以使一个图形中的同一个线型以不同的比例显示。上述系统变量的默认值均为 1，线型比例越小，每个线段中生成的重复序列就越多，所以，对于过短的线段可以使用较小的线型比例，以显示线型。

用户可以在命令行直接输入上述系统变量名修改线型比例，也可以执行"格式" | "线型"菜单命令，打开"线型管理器"对话框，如图 4-14（a）所示，选择"显示细节"，在"详细信息"选项组内，输入"全局比例因子"或"当前对象比例"的新值。

如果需要改变某个对象的线型比例因子，可以选定该对象，打开"特性"选项板，输入线型比例的新值，如图 4-14（b）所示。

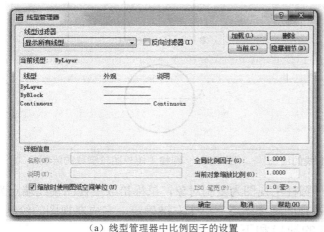

（a）线型管理器中比例因子的设置　　　　　（b）对象特性中线型比例的更改

图 4-14　修改线型比例

【任务实施】

一、设置绘图环境

启动 AutoCAD，新建文件，选择"新建图层"命令，新建 3 个新图层，名称分别为"粗实线层"、"中心线"、"尺寸线"，颜色分别为"白色"、"红色"和"黄色"，线型除"中心线"层为"CENTER"外，线宽除"粗实线"层为 0.3 外，其他的选项均为默认设置。

二、绘制图形

1. 在"中心线"层中完成基准线，布置视图

（1）按下状态栏上的"极轴"、"对象捕捉"、"对象追踪"按钮，打开"极轴追踪"、"固定对象捕捉"、"对象捕捉追踪"命令。

（2）鼠标右击"极轴"按钮，选"设置…"选项，在极轴追踪里设置里选择"45"，在"对象捕捉追踪设置"里选择"沿所有极轴角设置追踪"。

（3）将中心线层设为当前层，单击"直线"图标，绘制俯视图的中心线，重复直线命令从"O"点向上垂直拖动鼠标，将出现捕捉追踪辅助线，拖动到适当位置画主视图轴线。执行"复制"命令，将主视图轴线复制到左视图适当位置。如图 4-15 所示。

2. 在"粗实线"层上完成圆柱基本体三视图

（1）将粗实线层设为当前层，单击"画圆"图标，捕捉俯视图中心线交点 O 为圆心，输入半径值为"20"绘出圆柱体俯视图的轮廓圆。

（2）单击"直线"图标，捕捉到俯视图圆的左象限点"A"垂直向上拖动鼠标，出现追踪辅助线，拖动到适当位置单击鼠标左键作为直线起点 B（圆柱主视图左下角点），鼠标水平向右拖动和圆的右象限点对齐绘出直线 BC，继续用鼠标垂直向上导向输入距离"50"画线 CD，向左水平导向和"A"点对齐画线 DE，然后向下闭合图形画线 EA，完成圆柱体的主视图，如图 4-16 所示。

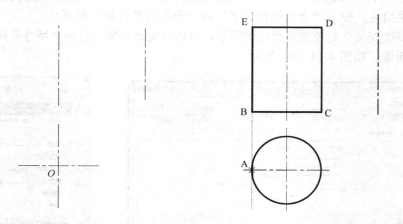

图 4-15　圆柱三视图基准线的绘制　　图 4-16　圆柱主俯视图轮廓线的绘制

（3）单击"复制"图标，选择圆柱主视图为复制对象，鼠标拾取主视图轴线端点为复制基点，将主视图向右水平拖动到左视图轴线端点后单击左键确定，完成左视图的绘制。

3. 绘制圆柱体主视图上部的缺口和下部的开槽

将粗实线层设为当前层，单击"直线"图标，捕捉到"F"点向左水平拖动鼠标，输入

距离"15"作为直线起点，向下垂直拖动鼠标，输入距离"15"画线 *GH*，向左水平拖动鼠标捕捉到与圆柱最左素线交点画直线 *HI*。单击"镜像"图标画出另一半。利用同样的方法画出主视图底部的开槽，如图 4-17 所示。

4．绘制开槽的俯视图

（1）单击直线图标，根据主视图的切口宽度，按照相应的追踪路径和对齐方法向下垂直拖动鼠标捕捉到与圆交点作为直线起点，继续向下捕捉到与圆另一个交点画线。

（2）将虚线层设为当前层，单击直线图标，根据主视图底部槽的宽度，按照相应的追踪路径和对齐方法向下垂直拖动鼠标捕捉到与圆交点作为直线起点，继续向下捕捉到与圆另一个交点画线，如图 4-18 所示。

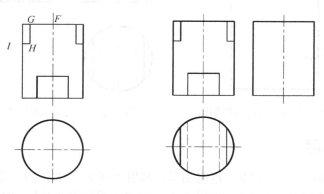

图 4-17　圆柱主视图的切口与开槽　　　图 4-18　圆柱俯视图的投影

5．绘制左视图

（1）将左视图的轴线作为基准线 L_1，执行"编辑"｜"偏移"命令，命令行出现"指定偏移距离或[通过(T)／删除(E)／图层(L)]<通过>："提示后，捕捉俯视图中的 *J*、*K* 两点，选择线段 L_1，向左侧偏移，完成直线段 L_2，保证尺寸"宽 1"相等。同理，捕捉俯视图中的 *M*、*N* 两点，选择线段 L_1，向左侧偏移，完成直线段 L_3，保证尺寸"宽 2"相等，如图 4-19 所示。

（2）单击直线图标，根据主视图的切口高度，按照相应的追踪路径和对齐方法，向右垂直拖动鼠标捕捉到与 L_2 交点作为直线起点，继续向右捕捉到左视图轴线交点画线。

（3）利用同样的方法画出主视图底部开槽在左视图上的投影，注意用连续线段分别画出 *PQ* 和 *QR* 直线，如图 4-20 所示。

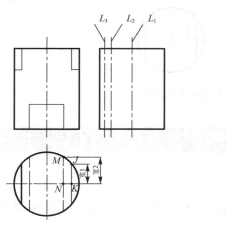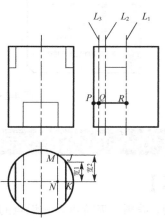

图 4-19　利用偏移命令保证宽相等　　　图 4-20　利用高平齐绘制左视图

（4）选择 L_2、L_3 直线，设置为粗实线。利用夹持点，分别缩短到指定位置。选择 QR 线段，设置为虚线，如图 4-21 所示。

（5）利用"镜像"命令，将左视图上的切口和开槽投影镜像，完成左视图基本轮廓，如图 4-22 所示。

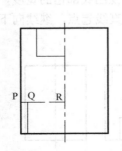

图 4-21　左视图夹持点的编辑

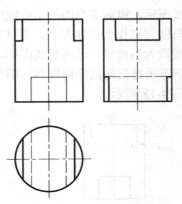

图 4-22　完成左视图轮廓

三、整理保存

（1）利用"修剪"命令（TR）修剪图形，利用"擦除"命令（E）删除多余线段。

（2）对虚线或点画线，如线型比例不理想，可双击需编辑的对象，对线型比例进行微调，如图 4-23 所示。完成圆柱体切口和开槽的三视图。

（3）对照要求，仔细检查所作图形，确认正确后进行保存。

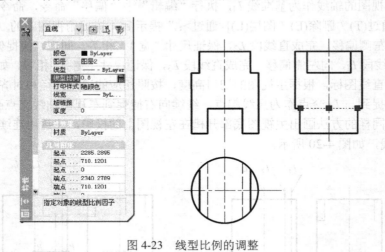

图 4-23　线型比例的调整

任务七　用 AutoCAD 绘制相贯线

【任务目标】

掌握绘图、编辑、夹持点等知识点的综合运用。通过练习，完成如图 4-24 所示含有圆孔内相贯和圆柱外相贯线的组合体三视图。

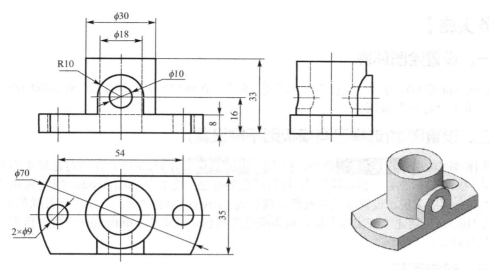

图 4-24　含内、外相贯线的组合体三视图及实体图

【知识链接】

相贯线是两曲面立体相交形成的空间封闭曲线，作图时，可采用简化画法，用过轮廓线交点，以其中小圆柱半径为半径，向大圆柱内弯曲的对称圆弧来代替。也可以采用投影作图法，用包含两端点和中点（需通过其他视图上的线圆交点位置确定）的样条曲线来代替。

1．样条曲线概念

用一系列给定控制点合成的分段多项式曲线，常用于波浪线等曲线。

2．画法

（1）单击"绘图"｜"样条曲线"命令或点击绘图工具栏上的 ～ 图标，调用"样条曲线"命令。

（2）命令提示为"指定一个点或[对象(O)]："时，在合适位置指定样条曲线的起点。

（3）命令提示为"指定下一点："时，指定样条曲线的二点……

（4）命令提示为"指定下一点或[闭合(C) ／ 拟合公差(F)]<起点切向>："时，依次指定样条曲线的第三点、第四点……

（5）按回车或空格键结束指定点，命令提示为"指定起点切向："时，指定样条曲线起点切线方向。

（6）命令提示为"指定端点切向："时，指定样条曲线端点切线方向。

注意：起点和端点切向将影响样条曲线的形状。若在样条曲线的两端都指定切向，在当前光标与起点或端点之间出现一根拖曳线，拖动鼠标，切向发生变化。此时可以输入一点，也可以使用"切点"或"垂足"对象捕捉模式，使样条曲线与已有的对象相切或垂直。若以"回车"响应起点、端点切向，AutoCAD 将计算默认切向，如图 4-25 所示。

（a）用指定点响应起（端）点　　　　　　　　（b）用回车响应起（端）点

图 4-25　起点、端点切向对样条曲线形状的影响

129

【任务实施】

一、设置绘图环境

启动 AutoCAD，单击"文件"|"新建"命令，在弹出的"选择样板"对话框中选用"模板1"，单击"打开"按钮。

二、设置图层(选择已有模板则不需设置)

选择 格式(O) ➡ 图层(L)... 命令，弹出 图层特性管理器 对话框。在该对话框中单击"新建图层"按钮，创建"粗实线"层，设置颜色为绿色，线型为 Continuous，线宽为 0.3mm；创建"细点画线"层，设置颜色为红色，线型为 Center；创建"虚线"层，设置颜色为黄色，线型为 Hidden；创建"细实线"层，设置颜色为黄色，线型为 Continuous。将"粗实线"层设置为当前层。

三、绘制图形

1.任务分析

图 4-24 组合体可分解成由底板、铅垂圆柱、U 形凸台三个部分组成。绘制组合体三视图时，不一定要完全画完一个图后再画另一个图，而是可以通过形体分析，将其分解成几个部分，逐一完成。每一部分一般先绘制包含物体最多形体特征的特征视图，再根据"主俯视图长对正"、"主左视图高平齐"和"俯左视图宽相等"的投影特性将三个视图联系在一起绘制。其中宽相等除利用尺寸保证或利用偏移命令外，还可以将俯视图或左视图复制并旋转 90°后，利用对象捕捉和对象追踪来保证。

2.绘制底板俯视图外形

（1）绘制底板由 $\phi70$ 的圆，操作过程略。

（2）利用自动追踪功能绘制上下两条水平轮廓线及中心线。

（3）以两条水平轮廓线为边界，修剪 $\phi70$ 圆多余的圆弧，如图 4-26(a)所示。

（4）捕捉上述中心线交点，水平向左追踪 27，得到圆心，绘制 $\phi9$ 小圆。

（5）用"对象捕捉追踪"功能绘制 $\phi9$ 小圆的垂直中心线，如图 4-26(b)所示。

（6）以垂直中心线为镜像线，镜像复制由 $\phi9$ 小圆及垂直中心线，如图 4-26 (c)所示。

(a)绘制外形轮廓及中心线　　(b)绘制小圆及中心线　　(c)镜像复制小圆及中心线

图 4-26　绘制底板俯视图

3.绘制底板主视图

（1）绘制底板外形轮廓线。

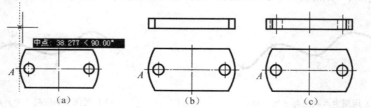

中点: 38.277 < 90.00°

(a)　　　　　　　(b)　　　　　　　(c)

图 4-27　绘制底板主视图

操作见表 4-9。

表 4-9　绘制底板主视图步骤

命令：_line	输入字母"L"，或单击直线图标按钮，启动直线命令
指定第一点：	移动光标至点 A，出现端点标记及提示，向上移动光标至合适位置，单击鼠标，如图 4-27（a）所示
指定下一点或[放弃(U)]：70↵	向右移动鼠标，水平追踪，输入 70，回车
指定下一点或[放弃(U)]：8↵	向上移动鼠标，垂直追踪，输入 8，回车
指定下一点或[放弃(U)]：70↵	向左移动鼠标，水平追踪，输入 70，回车
指定下一点或[放弃(U)]：c↵	封闭图形，完成图 4-27（b）主视图外轮廓

（2）利用"对象捕捉追踪"功能绘制主视图上两条垂直截交线，如图 4-27（b）所示。

（3）绘制底板主视图上左侧 $\phi 9$ 小圆的中心线和转向轮廓线，再分别将其改到相应的点画线和虚线图层上；并镜像复制，如图 4-27（c）所示。

4．绘制底板俯视图上的同心圆

在俯视图上捕捉中心线交点，作为圆心，绘制铅垂圆柱及孔的俯视图中 $\phi 30$、$\phi 18$ 的圆，如图 4-28（a）所示。

5．绘制主视图上铅垂圆柱及孔的轮廓线

（1）绘制铅垂圆柱主视图的轮廓线。

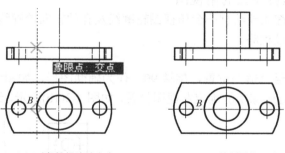

（a）对象捕捉追踪定点　　　　　（b）绘制圆柱及孔

图 4-28　绘制铅垂圆柱及孔的主视图

操作见表 4-10。

表 4-10　绘制主视图上铅垂圆柱及孔的轮廓线

命令：_line	单击图标按钮，启动"直线"命令
指定第一点：	移动光标至点 B，出现象限点标记及提示，向上移动光标，至出现如图 4-28（a）所示的提示，单击
指定下一点或[放弃(U)]：25↵	向上移动鼠标，垂直追踪，输入 25，回车
指定下一点或[放弃(U)]：30↵	向右移动鼠标，水平追踪，输入 30，回车
指定下一点或[放弃(U)]：25↵	向下移动鼠标，垂直追踪，输入 25，回车
指定下一点或[放弃(U)]：c↵	回车，结束"直线"命令

（2）用同样的方法绘制 $\phi 18$ 孔主视图的轮廓线，并改为虚线层，如图 4-28（b）所示。

6．绘制 U 形凸台及孔的主视图

（1）捕捉追踪主视图底边中点，如图 4-29（a）所示，垂直向上追踪 16，得到圆心，绘制 $\phi 20$ 的圆，再绘制 $\phi 10$ 的同心圆。

（2）绘制 $\phi 20$ 圆的两条垂直切线，如图 4-29（b）所示。

（3）以上述两条切线为剪切边界，修剪ϕ20圆的下半部分。

（4）绘制ϕ20圆水平中心线，并将其改到点画线层上，如图4-29（c）所示。

（5）用"打断于点"命令将底板主视图上边在C点处打断。用同样方法将底板上边在D点处打断，将CD线改到虚线层上，完成主视图，如图4-29（d）所示。

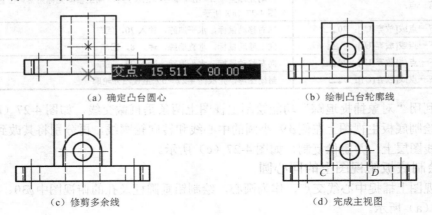

（a）确定凸台圆心   （b）绘制凸台轮廓线

（c）修剪多余线   （d）完成主视图

图4-29　绘制U形凸台主视图

7．绘制U形凸台及孔的俯视图

利用对象捕捉追踪功能绘制凸台俯视图轮廓线及孔的转向轮廓线，并将ϕ10孔的转向线改到虚线层上，操作过程略。

8．绘制左视图

（1）复制俯视图至合适的位置，旋转90°作为辅助图形，如图4-30(a)所示。

（2）利用对象捕捉追踪功能确定左视图位置，如图4-30(b)所示，绘制底板和圆柱左视图。

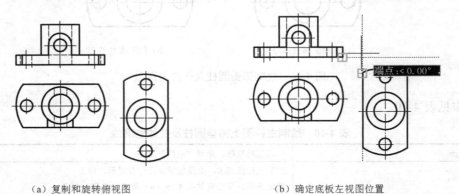

（a）复制和旋转俯视图   （b）确定底板左视图位置

图4-30　确定左视图位置

（3）绘制U形凸台左视图

利用夹持点拉伸功能将E点垂直向上拉伸至与主视图U形凸台的上象限点高平齐位置，如图4-31（a）所示，再将圆柱转向线缩短，如图4-31（b）所示。利用"对象捕捉追踪"功能绘制孔轴线、凸台半圆柱及孔的转向线，并修剪多余图线。

（4）绘制相贯线

用"圆弧"命令的"起点、端点、半径"选项绘制相贯线12及其内孔相贯线34、56，并将相贯线34、56改为虚线层，如图4-32（b）所示。利用对象捕捉追踪功能绘制截交线78，用"圆弧"命令的"起点、端点、半径"选项绘制相贯线U形凸台与ϕ30圆柱的外形相贯线89，如图4-32（c）所示，完成图形。

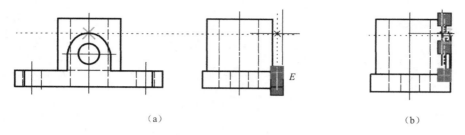

（a） （b）

图4-31　利用夹持点编辑功能拉伸直线

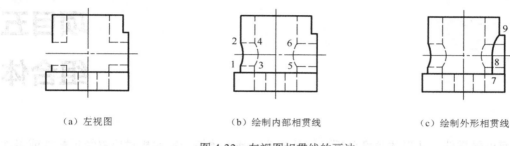

（a）左视图　　　　　　　（b）绘制内部相贯线　　　　　　　（c）绘制外形相贯线

图4-32　左视图相贯线的画法

四、整理保存

（1）删除复制旋转后的辅助图形，利用"修剪"命令(TR)修剪图形，利用"擦除"(E)命令删除多余线段。

（2）对虚线或点画线，如线型比例不理想，可双击需编辑的对象，对线型比例进行微调。

（3）对照要求，仔细检查所作图形，确认正确后进行保存。

项目五
组合体

任何机器零件，从形体角度分析，都是由若干基本体按一定的相对位置经过叠加或多次切割形成的，这种由两个或两个以上的基本形体组合构成的整体称为组合体。图 5-1（a）所示支座可看成由几个基本体叠加而成的。图 5-1（b）所示架体可看成由长方体经过多次切割而成的。

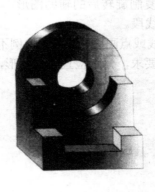

（a）叠加类　　　　　　　　　　　　　　　　　（b）切割类

图 5-1　组合体的组合形式

任务一　绘制轴承座的三视图

【任务目标】

如图 5-2 为轴承座立体图，试绘制其三视图。

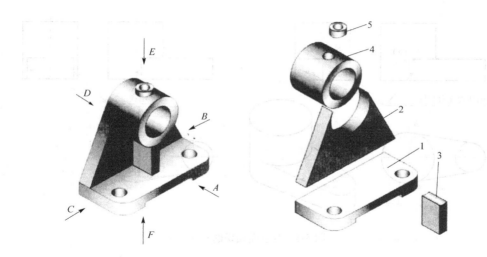

图 5-2　轴承座

【知识链接】

一、表面连接形式

无论是哪种形式构成的组合体，各基本体之间都有一定的相对位置关系，并且各形体之间的表面也存在一定的连接关系，其连接形式可归纳为不共面、共面、相切和相交 4 种情况。

1．不共面

当两基本形体互相叠合时，除叠合处表面重合外，没有公共表面，在视图中两个形体之间有分界线，如图 5-3（a）所示。

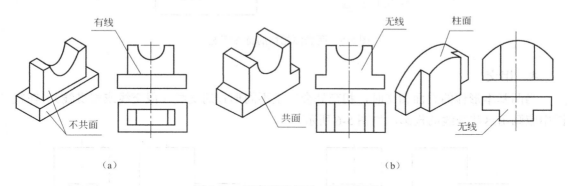

（a）　　　　　　　　　　　　　　　　　　（b）

图 5-3　两表面不共面、共面的画法

2．共面

当两基本形体具有互相连接的一个面（共平面或共曲面）时，它们之间没有分界线，在视图上也不可画出分界线，如图 5-3（b）所示。

3．相切

当两基本形体的表面相切时，两表面在相切处光滑过渡，在视图上不应画出切线，如图 5-4 所示。

但有一种特殊情况必须注意，如图 5-5 所示，两个圆柱面相切，当圆柱面的公共切平面垂直于投影面时，应画出两个圆柱面的分界线。

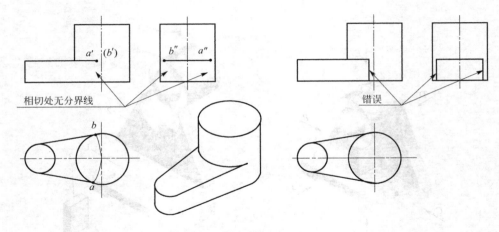

图 5-4　两表面相切的画法

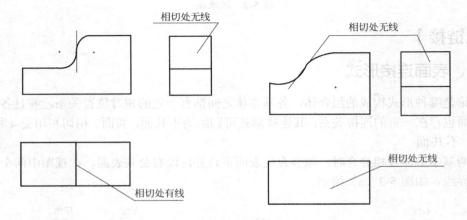

图 5-5　两表面相切的特殊情况

4．相交

当两基本形体的表面相交时，相交处会产生不同形式的交线（截交线或相贯线），在视图中应画出这些交线的投影，如图 5-6 所示。

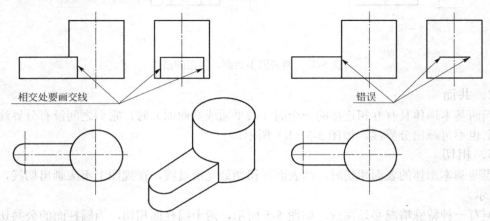

图 5-6　两表面相交的画法

二、主视图的选择

在三视图中，主视图是最主要的视图。主视图应能较全面地反映组合体各部分的形状特征及它们之间的相对位置，并使形体上主要平面平行于投影面，以便使投影能反映真实形状和便于作图，同时考虑组合体的自然安放位置，还要兼顾其他视图表达的清晰性，尽量减少视图中的虚线。主视图确定后，其他视图也随之确定。

【任务实施】

一、形体分析

按照形状特征，将组合体分解成若干个基本形体的组合，并分析其组合方式、相对位置，而进行画图和读图的方法称为形体分析法，形体分析法是指导画图和读图的基本方法。

从图 5-2 中可以看出，该轴承座由底板 1、支承板 2、肋板 3、圆筒 4 和凸台 5 五部分组成。支承板 2 与圆筒 4 外表面相切，叠放在底板 1 上；肋板 3 叠放在底板 1 上，其上面与圆筒 4 外面相结合，后面与支承板 2 紧靠，两侧面与圆柱面相交；凸台 5 与圆筒 4 的内外圆柱面分别相贯，相贯线为空间曲线，整个组合体左右对称。

二、选择主视图

从图 5-2（a）中可以分析出，A、B 方向都比较好，均可作为主视图的方向，因从 A 方向看去，所得到的视图满足所述的基本要求，故选 A 作为主视图的投影方向。

三、作图

作图步骤见表 5-1。

表 5-1 轴承座的画图步骤

步　骤	图　例
1. 布置视图，画中心线和基准线	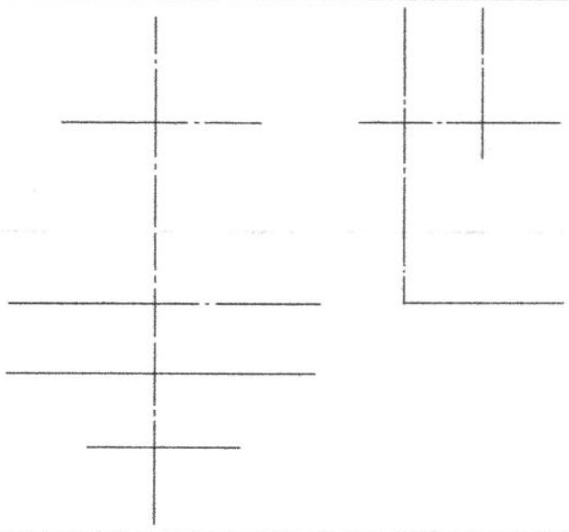
2. 画底板三视图	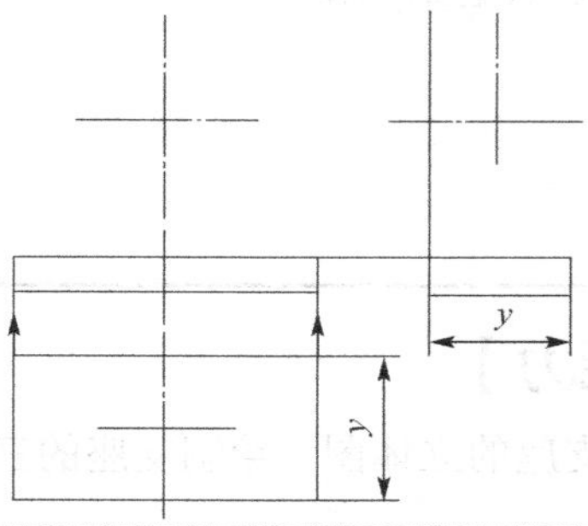

机械制图与CAD绘图（基础篇）

步　骤	图　例
3. 画圆筒和凸台的三视图 注意： 圆筒先画主视图，再画俯、左视图 凸台先画俯视图，再画主、左视图	相贯线
4. 画出支承板和肋板的三视图 注意：肋板与圆筒交线的画法	切点 截交线
5. 画底板上的圆角、圆孔和通槽的三视图	
6. 擦去多余图线、检查、描深	

【实践能力】

根据支座的立体图，绘制支座的三视图。

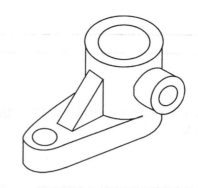

任务二 绘制支座的三视图

【任务目标】

如图 5-7 为支座立体图，试绘制其三视图。

【任务实施】

一、形体分析

支座是在长方体的基础上经过多次切割后而成的，左上角用正垂面和水平面切去了一个梯形块，左下方中间切去了一个半圆柱体和长方体组合，右上方中间部分用侧垂面和水平面切去了一个梯形块。

图 5-7 支座

二、选择主视图

将支座水平放置，使前后对称面平行于正投影面，将切割较大的部分置于左上方，以此确定主视图的投射方向，较好地反映出支座的形体特征。

三、作图

（1）首先画出切割之前的完整形体的三视图。

（2）按切割过程逐个减去被切去部分的视图（叠加类组合体是一部分一部分地加在一起，切割类组合体是一部分一部分地减去）。

注意：画图时，应先画被切割部分的特征视图，再画其他视图，三个视图同时作图。

具体步骤见表 5-2。

表 5-2 支座的作图步骤

步 骤	图 例
1. 画出切割前长方体的三视图 2. 切去左上角梯形块 1，先画主视图，再画俯、左视图	

机械制图与 CAD 绘图（基础篇）

步　骤	图　例
3．切去半圆柱体和长方体组合 2，先画俯视图，再画主、左视图	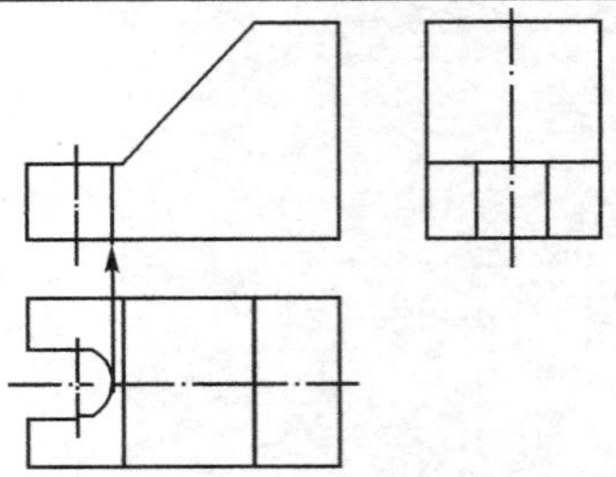
4．切去右上方梯形块 3 先画左视图，再画主、俯视图	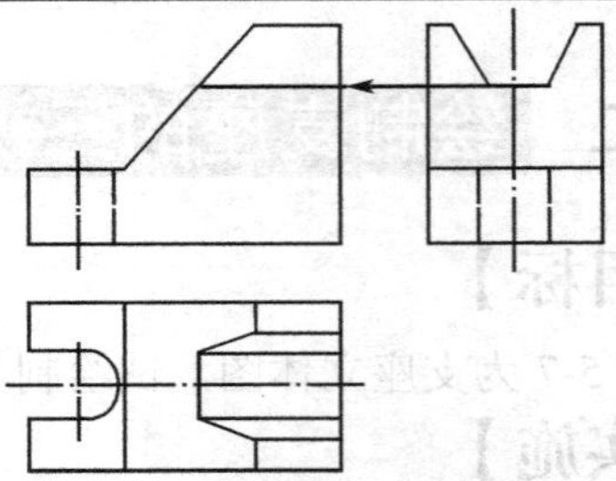
5．检查，加深	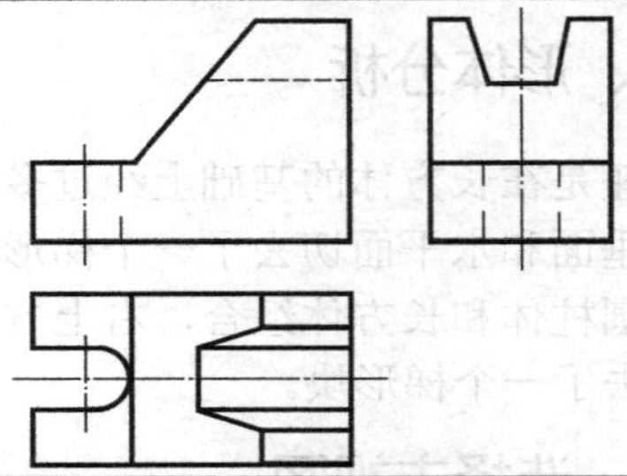

【实践能力】

根据轴测图，绘出其三视图。

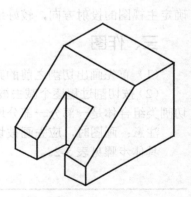

任务三　标注轴承座的尺寸

【任务目标】

如图 5-8 所示，试在轴承座三视图上标注尺寸。

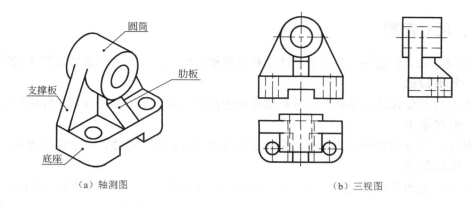

（a）轴测图 （b）三视图

图 5-8　轴承座的轴测图与三视图

【知识链接】

一、尺寸标注的基本要求

组合体尺寸标注应做到：正确、完整、清晰。

1．正确：指要严格遵守国家标准有关尺寸标法的基本规定。

2．完整：指标注尺寸要完整，且不能遗漏或重复。

3．清晰：指尺寸布置整齐清晰，便于读图。

二、尺寸种类

要使组合体的尺寸标注得完整（不多不少），必须采用形体分析法，将组合体分解成若干个基本形体，标注出基本形体的定形尺寸，再确定它们之间的相对位置，标注出各形体间定位尺寸，最后还需标注组合体的总体尺寸，即总长、总宽和总高。由此可见，组合体尺寸标注得是否完整，就是看各形体的定形、定位尺寸和组合体的总体尺寸是否标注完整。

1．定形尺寸

用来确定各基本形体形状和大小的尺寸。

2．定位尺寸

用来确定各基本形体之间相对位置的尺寸。

标注定位尺寸时，应先选好尺寸基准，以便确定各基本形体间的相对位置。所谓尺寸基准，是指用以确定尺寸位置所依据的一些面、线或点。通常选用组合体的底面、对称平面、重要端面和轴线作为尺寸基准。组合体有长、宽、高三个方向的尺寸，因此，每个方向至少有一个尺寸基准。对于比较复杂的形体，在同一方向上除选定一个主要基准外，根据结构特点，还需选定一些辅助基准。主要基准与辅助基准之间应有尺寸联系。

3．总体尺寸

用来确定组合体总长、总宽和总高的尺寸。

141

三、尺寸布置

标注尺寸除了完整外，为了便于读图和查找相关尺寸，尺寸的布置必须整齐清晰。

1. 突出特征

定形尺寸尽量标注在反映该部分形状特征的视图，在虚线上尽可能避免标注尺寸。

2. 相对集中

形体某一部分的定形尺寸及有联系的定位尺寸尽可能集中标注，便于读图查找。

3. 布局整齐

尺寸尽可能布置在两视图之间，便于对照。同方向的平行尺寸，应使小尺寸在内，大尺寸在外，间隔均匀，避免尺寸线与尺寸界线相交。同方向的串联尺寸，应排列在同一直线上，这样既整齐，又便于画图。

【任务实施】

一、形体分析

按形体分析法，分清底座、支承板、肋板、圆筒这四部分的形状及相对位置，考虑各基本体的定形尺寸是否完整。

二、选定尺寸基准

对轴承座来说选底面为高度方向的尺寸基准；由于轴承座左右对称，选左右对称面为长度方向的尺寸基准；宽度方向的基准应选轴承的后端面较为合理。

三、标注定形尺寸

轴承座可分解为由底座、支承板、肋板、圆筒这四个基本形体所组成。由于每个基本形体的尺寸，一般只有少数几个（2～4 个），因而容易考虑，见表 5-3，水平圆筒的定形尺寸 $\phi8$、$\phi12$、12，底板的定形尺寸 R5、$2×\phi5$、13、25、8、3、8 等。至于这些尺寸标注在哪个视图上，则要根据具体情况而定，如底板的尺寸 R5、$2×\phi5$、13、25 标在俯视图上最为适宜，而厚度尺寸 8 只能标注在主视图上。其余各形体的定形尺寸，请读者自行分析。

四、标注定位尺寸

见表 5-3，圆筒高度方向的定位尺寸 22，是由高度方向基准到圆筒轴线之间注出的，圆筒宽度方向定位尺寸是 2，定出圆筒和底板在宽度方向的相对位置。底板上两个孔作为一组孔，在长度方向的定位尺寸是 18，在宽度方向上的定位尺寸是 10。

五、综合分析，标注总体尺寸

见表 5-3，轴承座的总体尺寸为：总长尺寸由底板长度 25 确定；不再注出；总宽尺寸由底板宽度尺寸 13 和圆筒宽度定位尺寸 2 确定；不需注出；总高尺寸也可通过计算得出。由此可知，对于组合体的总体尺寸不一定都要注写齐全。

表 5-3　轴承座尺寸标注的步骤

步　骤	图　例
1. 选择尺寸基准	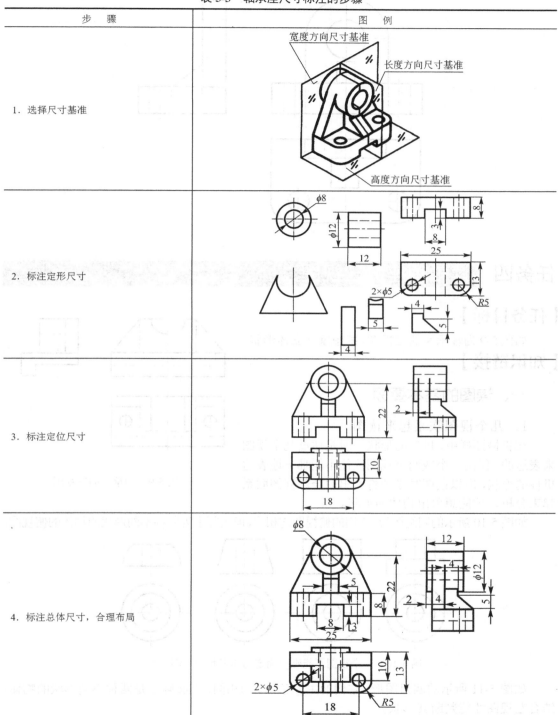
2. 标注定形尺寸	
3. 标注定位尺寸	
4. 标注总体尺寸，合理布局	

【实践能力】

标注尺寸（数值从图中量区，取整数）。

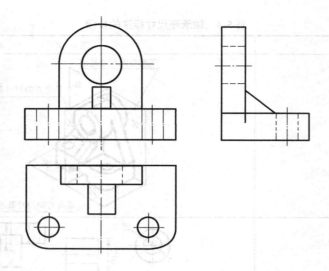

任务四　读轴承座的三视图

【任务目标】

如图 5-9 为轴承座的三视图，试想象其立体形状。

【知识链接】

一、读图的基本要领

1．几个视图联系起来读图

在机械图样中，机件的形状一般是通过几个视图来表达的，仅由一个或两个视图往往不能唯一地表达机件的形状，所以读图时必须将给出的全部视图联系起来分析，才能想象出物体的形状。

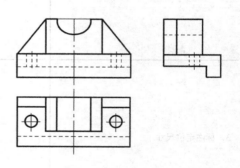

图 5-9　轴承座的三视图

如图 5-10 所示的四组图形，它们的俯视图均相同，但实际上为四种不同形状的物体的俯视图。

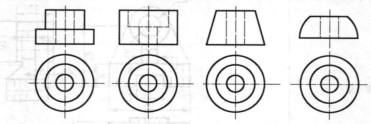

图 5-10　一个视图不能唯一确定物体形状的示例（一）

如图 5-11 所示的四组图形，它们的主、俯视图均相同，但实际上是四种不同形状的物体，结合左视图才能判断其形状。

2．抓住表示物体特征信息的视图

一般一个视图不能表示物体的形状，要用几个视图对照，读图时要善于对各视图进行分析，抓住表示物体特征信息的视图，所谓特征，就是物体的形状特征和组成物体的各基本形体间相对位置的特征。

144

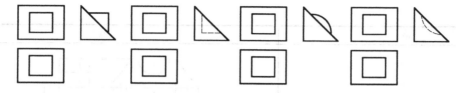

图 5-11　一个视图不能唯一确定物体形状的示例（二）

在图 5-12 中，（a）、（b）所示底板的主视图都相同，但俯视图不同，这就表示了两块底板的形状不同，因此俯视图是反映底板形状特征最明显的视图。

在图 5-13 中，（a）、（b）所示物体俯视图其形状特征都相同，矩形底板上有圆形和方形两种形体，但是究竟哪个凸？哪个凹？还是都凸？都凹？这就取决于主视图上可见与不可见线，才可确定板上两形体的凸凹位置，很明显（a）图为圆台方孔，（b）图为圆孔方台，因此主视图是物体位置的特征明显的视图。

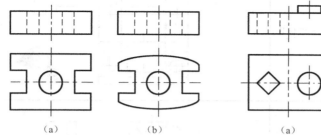

图 5-12　形状特征明显的视图

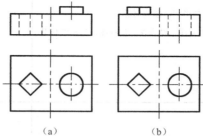

图 5-13　位置特征明显的视图

二、读图的基本方法

读图的基本方法是形体分析法，一般将反映组合体形状特征的某一视图（一般选主视图）划分成若干封闭线框，按照三视图的投影规律，找出与这些封闭线框对应的其他投影，联系线框的各投影进行分析，确定它们所表达的基本形状及各基本形体的相对位置，最后综合想象出组合体的形状。

【任务实施】

下面运用形体分析法识读轴承座三视图：

步骤一：划线框、分形体

从主视图入手，将该组合体按线框划分为四部分（见表 5-4）。

表 5-4　识读轴承座三视图步骤

步　骤	图　例
1. 划线框、分形体 将主视图分为四个封闭的线框	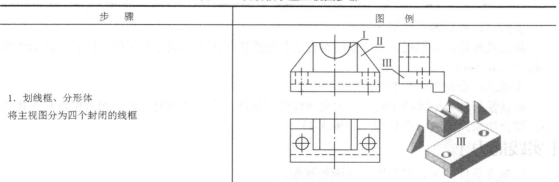

步　骤	图　例
2. 对投影、想形状，读线框 I 特征视图是主视图，结合俯视图，得出线框 I 的形状	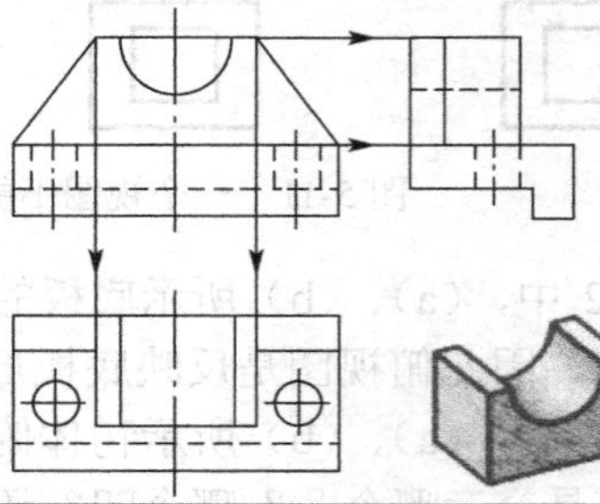
3. 对投影、想形状，读线框 II 特征视图时主视图，结合左、俯视图，得出线框 II 的形状	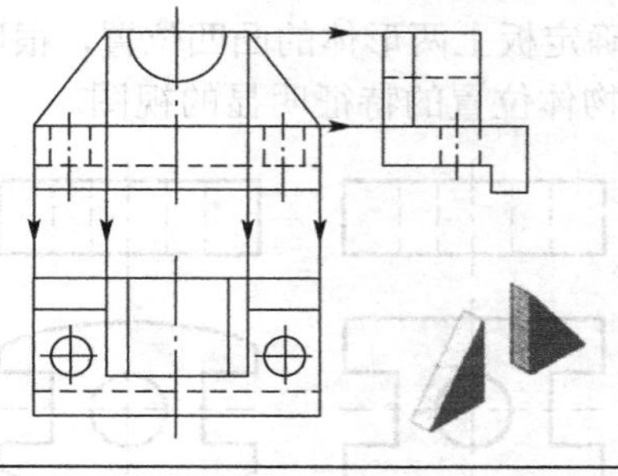
4. 对投影、想形状，读线框 III 特征视图是左视图，结合主、俯视图，得出线框 III 的形状	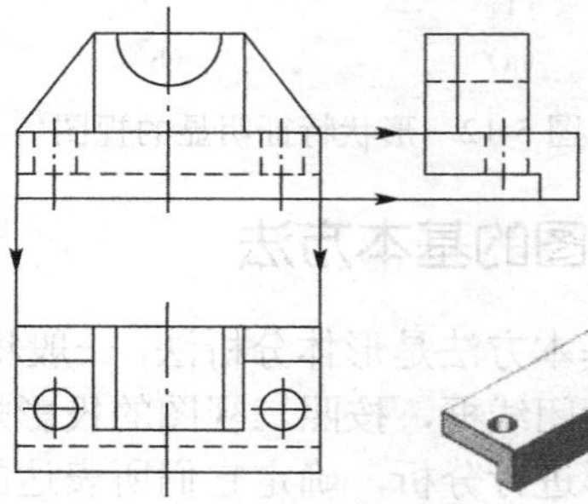
5. 合起来、想整体	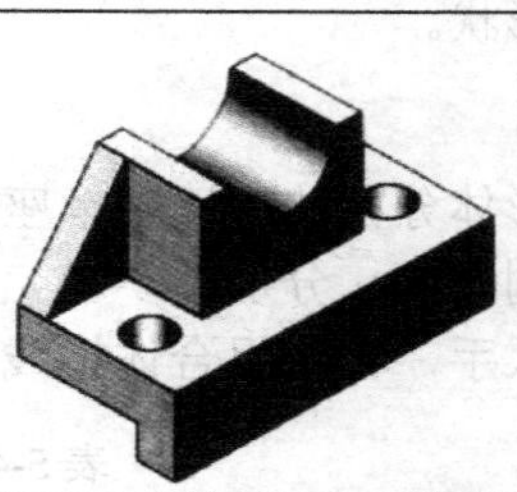

步骤二：对投影、想形状

从主视开始，分别把每个线框所对应的其他投影找出来，确定每组投影所表示的形体的形状（见表 5-4）。

步骤三：合起来、想整体

在读懂每部分形状的基础上，根据物体的三视图，进一步研究它们的相对位置和连接关系，综合想象而形成一个整体（见表 5-4）。

【实践能力】

已知支承件的主、左视图，补画俯视图。

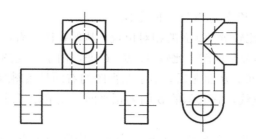

任务五　读压板的三视图

【任务目标】

如图 5-14 为压板的三视图，试想象其立体形状。

【知识链接】

线面分析法

形体分析法读图，是按照三视图的投影规律，从图上逐个识读出基本形体，进而综合想象出组合体的形状，这种读图方法是从"体"的角度来进行分析的，

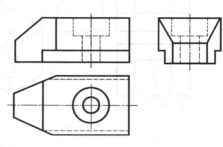

图 5-14　压板的三视图

但是每一个基本形体都是由面（平面或曲面）围成的，而面又是由线段（直线或曲线）所构成，因此，还可以从"线和面"的角度来分析组合体的构成，这种分析组合体表面的线、面形状和相对位置的方法称为线面分析法。

1．分析面的形状

当基本体和不完整的基本体被投影面、垂直面截切时，则断面在与截平面相垂直的投影上的投影积聚成直线，而在另两个与截平面倾斜的投影面上的投影则是类似形。

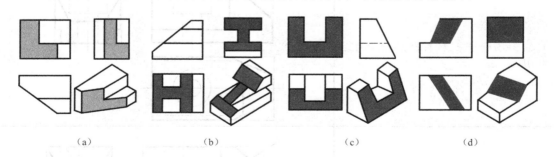

（a）　　　　　　　（b）　　　　　　　（c）　　　　　　　（d）

图 5-15　倾斜于投影面的截面的投影为类似形

例如在图 5-15（a）、（b）、（c）和（d）中，分别有一个"L"形的铅垂面、"工"字形的正垂面、"凹"字形的侧垂面和一般位置的平行四边形，在它们的三视图中除了在与截平面垂直的投影面上的投影积聚成一直线外，在与截平面倾斜的投影面上的投影都是类似形。

2．分析面的相对位置

如前所述，视图中的每个封闭线框表示组合体上的一个表面，那么相邻的封闭线框（或线框里再有线框）通常是物体的两个表面。因此，视图上任何相邻的封闭线框，除通孔外，

一定是物体上相交的或不相交的两个面的投影。

如图 5-16（a）所示比较 B、D 面的相对位置，从俯视图上看，都是实线，只可能最下的 D 面在前，B 面在后。再看左视图，比较 A、B、C 面，由于左视图上出现虚线，结合主、俯视图，只可能 A、C 面在前，B 面在后。由于左视图的右面是条斜线，因此 A、C 面是个斜面（侧垂面），虚线是条垂直线，它表示的 B 面为正平面。搞清楚了这种关系，即可想象出物体的形状。

图 5-16（b）中，由于俯视图左、右出现虚线，中间为实线，可以断定 A、C 面相对 D 面向前凸出，B 面处在 D 面的后面。又由于左视图出现一条斜的虚线，可知凹进的 B 面是一斜面，正好和 D 面相交。最后想象出整体形状。

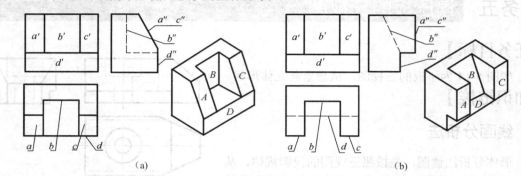

(a)   (b)

图 5-16　分析面的相对位置

【任务实施】

运用面形分析法识读压板三视图，见表 5-5。

表 5-5　识读压板三视图步骤

步　骤	图　例
1. 用形体分析法作主要分析,想象切割体切割之前的形状	
2. 用面形分析法作补充分析,分析 A 平面	

步　骤	图　例
3．用面形分析法作补充分析，分析 *B* 平面	
4．用面形分析法作补充分析，分析 *C*、*D* 平面	
5．综合起来想整体	

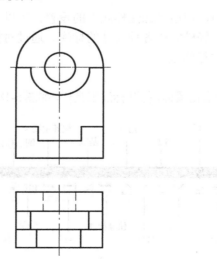

【实践能力】

已知架体的主、俯视图，补画左视图。

149

任务六　用 AutoCAD 绘制组合体三视图及尺寸标注

【任务目标】

在图形设计中，尺寸标注是绘图设计工作中的一项重要内容，因为绘制图形的根本目的是反映对象的形状，并不能表达清楚图形的设计意图，而图形中各个对象的真实大小和相互位置只有经过尺寸标注后才能确定。AutoCAD 包含了一套完整的尺寸标注命令和实用程序，使用它们足以完成图纸中要求的尺寸标注。通过本章的学习，掌握"直径"、"半径"、"角度"、"线性"、"圆心标记"等标注命令，完成如图 5-17 所示的组合体尺寸标注。

【知识链接】

一、创建尺寸标注的基本步骤

在 AutoCAD 中对图形进行尺寸标注的基本步骤如下。

（1）选择"格式"｜"图层"命令，在打开的"图层特性管理器"对话框中创建一个独立的图层，用于尺寸标注。

（2）选择"格式"｜"文字样式"命令，在打开的"文字样式"对话框中创建一种文字样式，用于尺寸标注。

（3）选择"格式"｜"标注样式"命令，在打开的"标注样式管理器"对话框设置标注样式。

（4）使用对象捕捉和标注等功能，对图形中的元素进行标注。

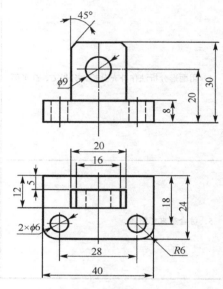

图 5-17　组合体尺寸标注

二、创建与设置标注样式

在 AutoCAD 中，使用"标注样式"的设置，可以控制标注的格式和外观，建立强制执行图形的绘图标准，轻松完成各种尺寸的标注。通过对标注样式的修改或替换，也可方便地对标注格式及用途进行修改。

1．标注样式

在工具栏空白处右击鼠标，打开标注工具栏，如图 5-18 所示，其中标明了标注的种类和形式。

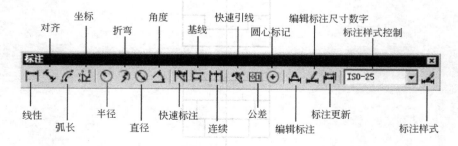

图 5-18　标注工具栏

选择"格式"｜"标注样式"命令，打开"标注样式管理器"对话框，或点击工具栏中标注样式按钮打开"标注样式管理器"，如图5-19所示。

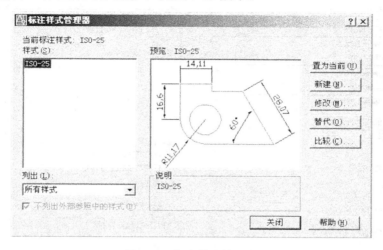

图5-19　标注样式管理器

"新建"：新建一个标注样式，设置其基础样式、运用场合，并需为其命名。

"修改"：对当前标注样式的内容进行修改。

"替代"：对以前标注的内容进行修改后替代。

以"新建"标注样式为例，点击打开后弹出含有"直线、符号和箭头、文字、调整、主单位、换算单位、公差"的选项卡，单击各选项卡，可以设置相应内容。

（1）"直线"选项卡：设置尺寸线、尺寸界线的格式和位置，如图5-20所示。

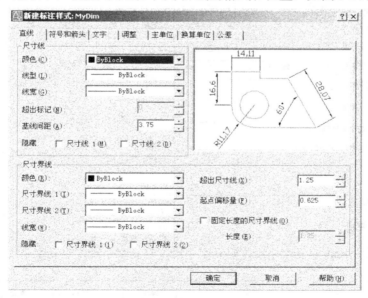

图5-20　"直线"选项卡

（2）"符号和箭头"选项卡：设置箭头、圆心标记、弧长符号和半径标注折弯的格式与位置，如图5-21所示。

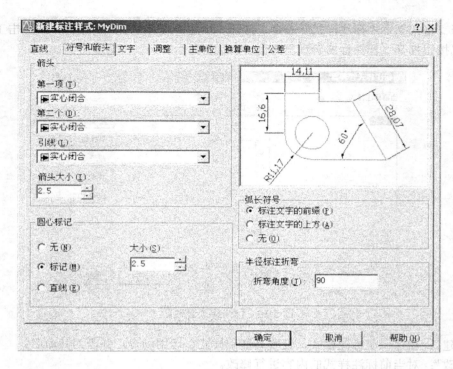

图 5-21 "符号和箭头"选项卡

（3）"文字"选项卡：设置标注文字的外观、位置和对齐方式，如图 5-22 所示。

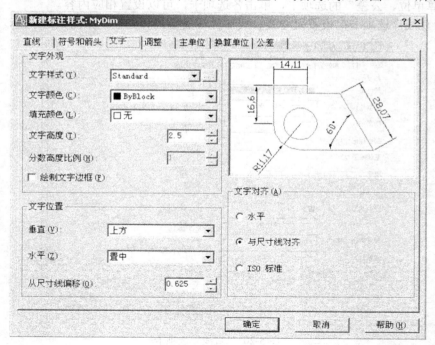

图 5-22 "文字"选项卡

（4）"调整"选项卡：设置标注文字、尺寸线、尺寸箭头的位置，如图 5-23 所示。

152

（5）"主单位"选项卡：设置主单位的格式与精度等属性，如图 5-24 所示。

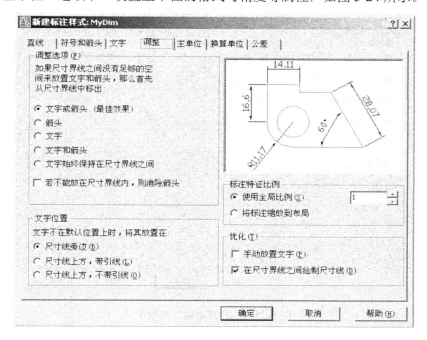

图 5-23　"调整"选项卡

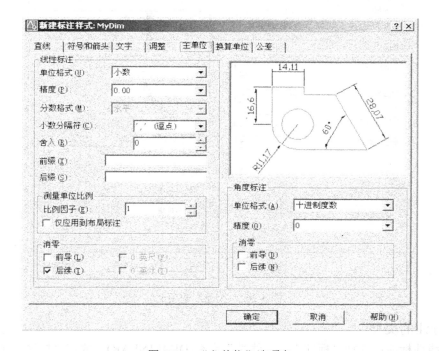

图 5-24　"主单位"选项卡

（6）"换算单位"选项卡：设置换算单位的格式，如图 5-25 所示。

（7）"公差"选项卡：设置是否标注公差，以及以何种方式进行标注，如图 5-26 所示。

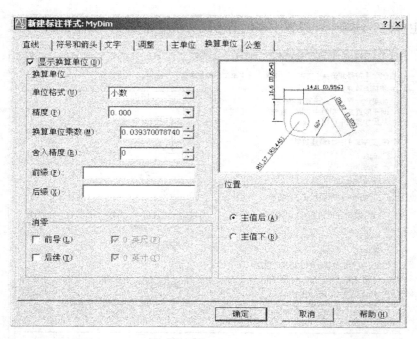

图 5-25　"换算单位"选项卡

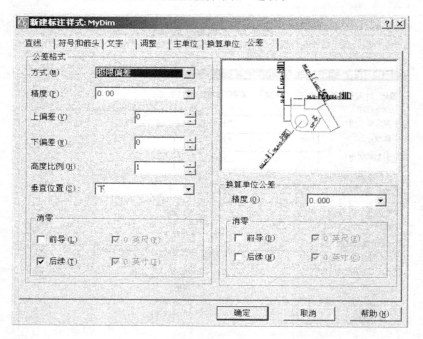

图 5-26　"公差"选项卡

2．标注的类型

（1）线性标注：选择"标注"｜"线性"命令(DIMLINEAR)，或在"标注"工具栏中单击"线性"按钮，可创建用于标注用户坐标系 XY 平面中的两个点之间的距离测量值，并通过指定点或选择一个对象来实现。

（2）对齐标注：选择"标注"｜"对齐"命令(DIMALIGNED)，或在"标注"工具栏中单击"对齐"按钮 ↘，可以对对象进行对齐标注。

（3）弧长标注：选择"标注"｜"弧长"命令(DIMARC)，或在"标注"工具栏中单击"弧长"按钮 ，可以标注圆弧线段或多段线圆弧线段部分的弧长。

（4）基准线标注：选择"标注"｜"基线"命令(DIMBASELINE)，或在"标注"工具栏中单击"基线"按钮 ，可以创建一系列由相同的标注原点测量出来的标注。

（5）连续标注：选择"标注"｜"连续"命令(DIMCONTINUE)，或在"标注"具栏中单击"连续"按钮 ，可以创建一系列端对端放置的标注，每个连续标注都从前一个标注的第二个尺寸界线处开始。

（6）半径标注：选择"标注"｜"半径"命令(DIMRADIUS)，或在"标注"工具栏中单击"半径"按钮 ，可以标注圆和圆弧的半径。

（7）折弯标注：选择"标注"｜"折弯"命令(DIMJOGGED)，或在"标注"工具栏中单击"折弯"按钮 ，可以折弯标注圆和圆弧的半径。它与半径标注方法基本相同，但需要指定一个位置代替圆或圆弧的圆心。

（8）直径标注：选择"标注"｜"直径"命令(DIMDIAMETER)，或在"标注"工具栏中单击"直径标注"按钮 ，可以标注圆和圆弧的直径。

（9）圆心标记：选择"标注"｜"圆心标记"命令(DIMCENTER)，或在"标注"工具栏中单击"圆心标记"按钮 ，即可标注圆和圆弧的圆心。此时只需要选择待标注其圆心的圆弧或圆即可。

（10）角度标注：选择"标注"｜"角度"命令(DIMANGULAR)，或在"标注"工具栏中单击"角度"按钮 ，都可以测量圆和圆弧的角度、两条直线间的角度，或者三点间的角度。当利用角度标注命令标注圆弧和圆时，系统会默认圆弧或圆的中心为角度的顶点进行标注。

（11）引线标注：选择"标注"｜"引线"命令(QLEADER)，或在"标注"工具栏中单击"快速引线"按钮 ，都可以创建引线和注释，而且引线和注释可以有多种格式。

（12）坐标标注：选择"标注"｜"坐标"命令，或在"标注"工具栏中单击"坐标标注"按钮 ，都可以标注相对于用户坐标原点的坐标。

（13）快速标注：选择"标注"｜"快速标注"命令，或在"标注"工具栏中单击"快速标注"按钮 ，都可以快速创建成组的基线、连续、阶梯和坐标标注，快速标注多个圆、圆弧，以及编辑现有标注的布局。

（14）形位公差标注：在 AutoCAD 中，可以通过特征控制框来显示形位公差信息，如图5-27 所示的形状、轮廓、方向、位置和跳动的偏差等。

选择"标注"｜"公差"命令，或在"标注"工具栏中单击"公差"按钮 ，打开"形位公差"对话框，可以设置公差的符号、值及基准等参数。

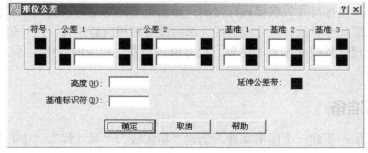

（a）形位公差对话框

图 5-27

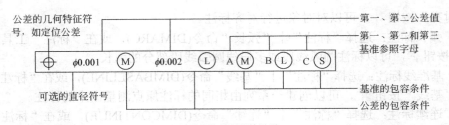

（b）形位公差项目的设置

图 5-27　形位公差

三、编辑标注对象

在 AutoCAD 中，可以对已标注对象的文字、位置及样式等内容进行修改，而不必删除所标注的尺寸对象再重新进行标注。

1．编辑标注

在"标注"工具栏中，单击"编辑标注"按钮，即可编辑已有标注的标注文字内容和放置位置，此时命令行提示如下：

输入标注编辑类型[默认(H) / 新建(N) / 旋转(R) / 倾斜(0)]<默认>：

2．编辑标注文字

选择"标注" | "对齐文字"子菜单中的命令，或在"标注"工具栏中单击"编辑标注文字"按钮，都可以修改尺寸的文字位置。选择需要修改的尺寸对象后，命令行提示如下：

指定标注文字的新位置或[左(L) / 右(R) / 中心（C）/ 默认(H) / 角度（A）]：

3．替代标注

选择"标注" | "替代"命令(DIMOVERRIDE)，可以临时修改尺寸标注的系统变量设置，并按该设置修改尺寸标注。该操作只对指定的尺寸对象做修改，并且修改后不影响原系统的变量设置。执行该命令时，命令行提示如下：

输入要替代的标注变量名或[清除替代（C）]：。

4．更新标注

选择"标注" | "更新"命令，或在"标注"工具栏中单击"标注更新"按钮，都可以更新标注，使其采用当前的标注样式，此时命令行提示如下：

输入标注样式选项[保存(S) / 恢复(R) / 状态(ST) / 变量(V) / 应用（A）/ ?]<恢复>：

5．尺寸关联

尺寸关联是指所标注尺寸与被标注对象有关联关系。如果标注的尺寸值是按自动测量值标注，且尺寸标注是按尺寸关联模式标注的，那么改变被标注对象的大小后相应的标注尺寸也将发生改变，即尺寸界线、尺寸线的位置都将改变到相应新位置，尺寸值也改变成新测量值。反之，改变尺寸界线起始点的位置，尺寸值也会发生相应的变化。

【任务实施】

一、作图准备

（1）设置图层：新建一个图形文件，创建"粗实线"、"尺寸线"、"中心线"、"虚线"四个图层。

（2）打开"正交"和"捕捉对象"，对象捕捉的参数设置如图 5-28 所示。

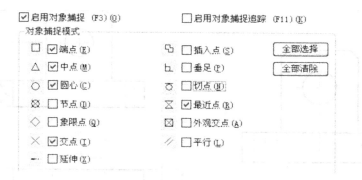

图 5-28　设置对象捕捉参数

（3）新建名为"水平标注样式"，将"文字"选项卡下"文字对齐"列表框内的方式改为"ISO 标准"，用于如图 5-17 中的俯视图中的 $2 \times \phi 6$ 和 $R6$ 的标注，其尺寸文字会标注在水平引线上，如图 5-29 所示进行设置。

二、绘制平面图

综合利用绘图命令按照图 5-17 所示尺寸绘制其轮廓，绘制结果如图 5-30 所示。

三、标注尺寸

将尺寸层设置为当前层，并调出"标注"工具栏。

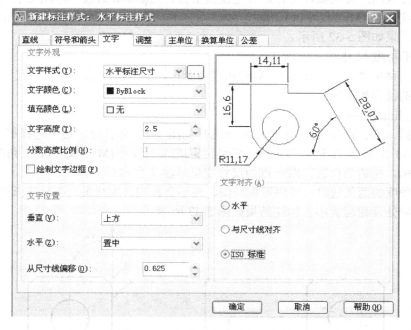

图 5-29　修改"文字对齐"方式

1. 标注线性尺寸

利用"线性"命令分别标注长度 8mm、20mm、30mm、18mm、24mm、28mm、40mm、16mm、20mm、5mm、12mm 的尺寸，标注结果如图 5-31 所示。

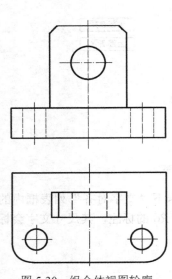

图 5-30　组合体视图轮廓

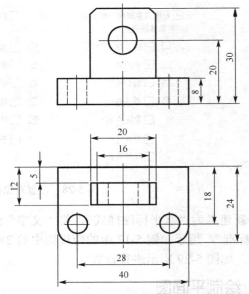

图 5-31　标注线性尺寸

2．标注直径尺寸

单击下拉菜单"标注∣直径"，启动直径命令，标注 ϕ9mm 的尺寸，命令行的操作步骤如下：

命令：　diameter

选择圆弧或圆://移动鼠标光标选择主视图上直径为 ϕ9mm 的圆→标注文字=9→指定尺寸线位置或[多行文字(M)／文字(T)／角度（A）]：//移动鼠标光标到适当的位置拾取一点为尺寸定位标注结果如图 5-32 所示。

3．标注角度尺寸

单击下拉菜单"标注∣角度"，启动角度命令标注主视图上的"45°"尺寸。

命令行的操作如下所示：

命令：_dimdiameter

选择圆弧、圆、直线或<指定顶点>：//选择如图 5-33 所示的 a 边→选择第二条直线：//选择如图 5-33 所示的 B 边→指定标注弧线位置或[多行文字(M)／文字(T)／角度（A）]：//向上移动光标，在适当位置拾取一点为尺寸定位标注文字=45

在选择角度的两条边时，顺序可以颠倒，并不会影响角度结果，但标注弧线位置却能决定角度标在何处及相应大小。标注结果如图 5-33 所示。

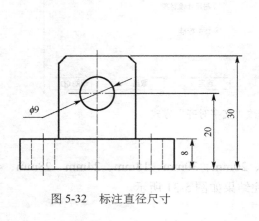

图 5-32　标注直径尺寸

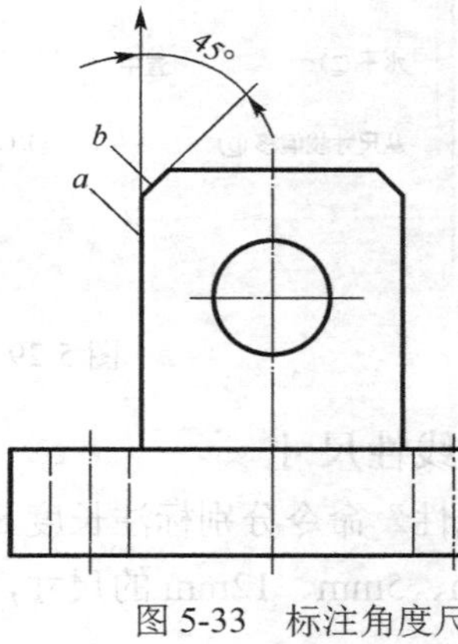

图 5-33　标注角度尺寸

158

4．标注 2×ϕ6 尺寸

点击标注工具栏中的"标注样式管理器"，将前面所设置的"水平标注样式"设置为当前，关闭选项卡。

单击标注工具栏中的"直径"，启动直径命令标注 2×ϕ6mm 的尺寸，命令行的操作如下所示：

命令：_dimdiameter

选择圆弧或圆：//移动鼠标光标选择组合体俯视图上左侧的小圆→标注文字=6→指定尺寸线位置或[多行文字(M)/文字(T)/角度（A）]：//输入"t"并按下回车键→输入标注文字<6>：//输入"2×%%c6"并按下回车键→指定尺寸线位置或[多行文字(M)/文字(T)/角度（A）]：//移动鼠标光标到适当的位置，拾取一点为尺寸定位

对特殊的尺寸文字，除在标注命令下进行输入外，还可以先标注，再双击标注，在特性对话框内，拖动左侧灰色条，找到文字替，在空格内输入新内容，即可替代原尺寸文字，如图 5-34 所示。

标注结果如图 5-35 所示。

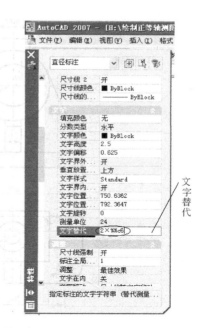

图 5-34　在特征对话框中修改尺寸文字

5．标注半径尺寸

仍在"水平标注样式下，单击标注工具栏中的"半径"命令，标注组合体俯视图右下角的 *R*6 的圆弧，标注结果如图 5-36 所示。

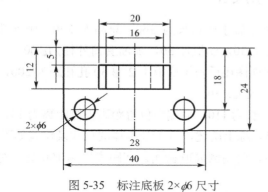

图 5-35　标注底板 2×ϕ6 尺寸

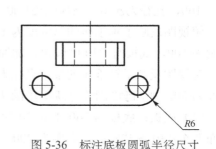

图 5-36　标注底板圆弧半径尺寸

四、整理保存

对照图 5-17 要求，认真检查核对，利用夹持点等工具对细节进行调整，确认无误后保存。

任务七　用 AutoCAD 绘制轴承座组合体三维造型

【任务目标】

掌握 AutoCAD 基本绘图命令中直线、圆和矩形等相关命令及作图方法；掌握点的形式、对象捕捉点的设置。练习轴承座的三视图与三维实体图的绘制。

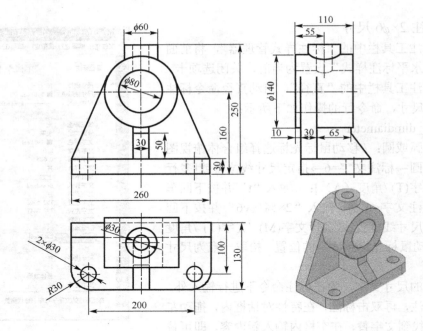

图 5-37　轴承座的三视图与三维实体图

【任务实施】

本任务实施分为识读轴承座三视图、理清组合体构型思路，最后制作轴承座三维造型。

一、正确识读轴承座三视图及分析尺寸

主视图最能反映轴承座形状，该视图反映了轴承座总长为 260，总高为 250，轴支撑孔高为 160，孔径为ϕ80。该视图还反映了底板厚 30，肋板厚 30，加油套筒外径为ϕ60。

俯视图反映了轴承座的总宽度为 130。该视图还反映了底板上 2×ϕ30 孔孔距为 200，距后则为 100，底板有 R30 倒圆角，加油套筒孔径为ϕ30。

左视图反映了轴承座的轴套直径为ϕ140，长为 110，后端面位置距离板侧距离为 10，立板厚为 30，加油套筒距轴套后端面距离为 55。综上所述，五个基本体的尺寸及位置如下：

（1）底板：底板为 260×130×30 的长方体，前端倒 R30 圆角。在距离后侧 100 处，对称分布两个ϕ30 安装圆孔，孔距为 200。

（2）轴套：轴套为ϕ140×110 的水平圆柱内挖去ϕ80 同轴圆孔，位置距水平面高 160，后端面在立板后 10。

（3）立板：立板板厚 30，下端宽 260，上端与轴套相切，位置与底板后侧平齐。

（4）肋板：肋板与立板共同其支承轴套作用，板厚 30，底部宽 100(130−30=100)，上部宽 65，上表面与轴套底面吻合。

（5）加油套筒：外径ϕ60，孔ϕ30，安装后总高为 250。

二、理清组合体构形思路

组合体的构形包括分解和集合两个过程。把一个组合体分解为若干基本体(即形体分析)，只是一种认识问题的方法。同一个组合体可能有不同的分解方法，这取决个人的习惯和看问

题的角度。采用计算机构形时，还要考虑到便于集合操作。

组合体构形的一般步骤为：

（1）运用形体分析法，充分了解组合体的形状、结构特点，将其分解为便于结构、便于布尔运算的基本体或简单形体。轴承座组合体结构较为复杂，它由底板、立板、肋板、轴套和加油套筒五部分组合而成，属于合体零件，即由多个基本体叠加、切割组合而成。无论是认识理解其三视图还是制作其三维造型，都需要学会应用形体分析法，会用形体分析法来"拆分"零件。

（2）构造所分解的形体。由于组合体上各形体之间有一定的位置关系，所以必须搞清形体的空间位置和方向。可以先通过某些特殊视点方向(如前视、仰视、左视等)构造形体在平移或旋转到所需的位置。也可以先建立适合的用户坐系(UCS)，然后直接在所需的位置上构造形体。

（3）按一定的顺序进行布尔运算。运行形体分析法分解组合体的同时，就已经确定了各形体间的运算关系。所以，应按已经确定的运算关系，将各形体通过并集运算、交集运算和差集运算，逐步形成组合体。如制作轴承座的三维造型应先分别制作底板、立板、肋板、轴套和加油套筒五个基本体，在对它们进行"并集"、"差集"等布尔运算而成。

三、制作轴承座三维造型

组合体造型制作的关键是选择适合的投影面制作各基本体。

1．制作底板

（1）按长 260、宽 130 尺寸绘制矩形，用"倒圆角"命令倒前面两个 $R30$ 圆角。

（2）画 $2\times\phi30$ 圆。利用捕捉工具栏中的"捕捉"按钮，from 基点：长方形左后端点<偏移>：100，画出水平中心线，再以中心线与长方形两侧端点为基点分别向中间<偏移>：30，三线交点得到 $2\times\phi30$ 中心，输入"画圆"命令"C"，捕捉交点为圆心，半径为15，画出 $2\times\phi30$ 的圆。删除辅助线，得到图 5-38（a）所示的图形。

（3）单击工具栏中的"面域"按钮，"窗选"图中所有图形，系统会提示"已创建 3 个面域"。

（4）单击工具栏中的"差集"按钮，在"选择要从中减去的实体或面域"提示下，单击长方体边框，在"选择去减去的实体或面域"提示下，选两个 $\phi30$ 的圆。单击"视图"工具栏中的"两南等轴测"按钮，再单击"概念视觉样式"按钮，显示结果如图 5-38（b）所示。

（5）输入命令"ext"，"拉伸"上述面域至高 30，也可以先拉伸后差集。显示结果如图 5-38（c）所示。

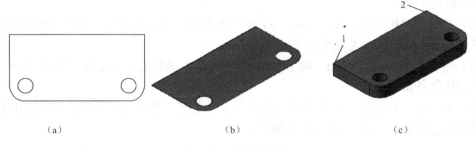

（a）　　　　　　　　　　（b）　　　　　　　　　　（c）

图 5-38　底板的制作

2．制作立板和轴套

单击"二维线框"按钮 ，再单击"前视"按钮 ⬡，然后单击"西南等轴测"按钮 ▥，在"前视"投影面绘图，"正交"打开。

（1）如图 5-38（c）所示，自点 1 到点 2 画直线 L_1。捕捉直线 L_1 中点，向上画线 130(160−30=130，30 为底板厚度)的直线 L_2(可通过移动及旋转 UCS 便于绘制)。

（2）以直线 L_2 上端为圆心，半径分别为 40、70 画同心圆。

（3）画切线，自端点 1 画直线，下一点捕捉 ϕ140 圆左"切点"。同样，自端点 2 画直线下一点捕捉 ϕ140 圆右"切点"，以两切点为边界，"修剪" ϕ140 圆下部，结果如图 5-39（a）所示。

（4）制作立板，将直线 L_1、两切线、ϕ140 圆上部圆弧作成面域，向前拉伸，厚度 30。

（5）制作轴套内、外圆柱。重画 ϕ140 圆，并向前拉伸，长为 110。向前拉伸 ϕ80 的圆长为 110。删除辅助线 L_2。用"移动"命令将 ϕ140 和 ϕ80 圆柱沿轴线方向向后移动 10mm。单击工具栏中的"并集"，分别选择立板与外圆柱，并通过"差集"，选择内圆柱，减去实体。结果如图 5-39（b）所示。

3．制作加油套筒

（1）如图 5-39（b）所示，在圆柱上方前后"象限点"3、4 间画直线 L_3。

（2）在"H面"制作 ϕ60、ϕ30 同心圆，旋转"UCS"，用"移动"命令将两圆向上移动 20(90−70=20)，再次旋转"UCS"，拉伸大圆高 50(250−160−40=50)，拉伸小圆高 90，再通过布尔运算合并套筒与轴套，显示结果如图 5-40 所示。

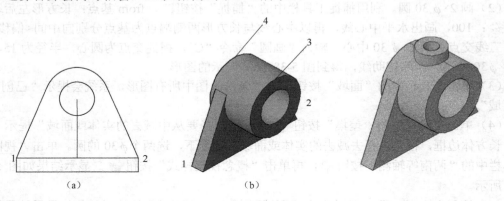

图 5-39　立板和轴套的制作　　　　　图 5-40　加油套筒的制作

4．制作肋板

（1）切换到"W"面，绘制 5-41（a）所示的图形，并作成面域。这里 70 比底板到轴套外圆下部距离 60 大 10，否则不能正确结合。

（2）用"拉伸"命令"ext"将上述面域拉至厚 30 的肋板，结果如图 5-41（b）所示。

5．组合各部件

用移动命令，将肋板以下部前方底边中点 K 为基点，移动到与底板前方上边中点重合，再通过布尔运算合并，结果如图 5-42 所示。

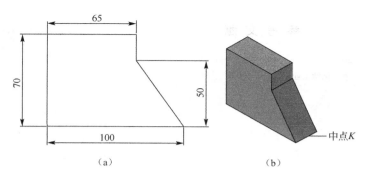

（a）   （b）

图 5-41 肋板的制作

图 5-42 各部件的组合

四、整理保存

用自由动态观察器观察轴承座三维造型，检查是否有接缝（说明有多余线未删除或未合并），通孔是否通，孔内是否有东西多出来。注意：在合并进行布尔运算时，一般都应先将外形部分"并集"成外轮廓，再将轮廓与内孔实体作"差集"。如果不小心弄错了顺序，作为补救措施，还可以在适当位置重新再造一个内孔实体（因为最终要去除，所以长度尺寸可以大一些），并重新通过"差集"去除。

参 考 文 献

[1] 陆英. 机械制图. 北京：化学工业出版社，2009.

[2] 付剑辉，符沙. AutoCAD2008 机械制图. 北京：化学工业出版社，2009.